世界的故事

[意]特蕾莎·布翁焦尔诺 著 [意]埃莉萨·帕加内利 绘 刘鸿旭 译

Storie della terra

地球的故事

——揭开大地的奥秘

山东教育出版社 大音 广东大音音像出版社
·济南· ·广州·

Texts by Teresa Buongiorno, illustrations by Elisa Paganelli
©2017, Edizioni EL S.r.l., Trieste Italy.
The simplified Chinese edition is published in arrangement through Niu Niu Culture.

本书中文简体版由Edizioni EL S. r. l.授权，版权合同登记号：图字15-2020-332号

图书在版编目（CIP）数据

地球的故事：揭开大地的奥秘 / (意) 特蕾莎·布翁焦尔诺著；(意) 埃莉萨·帕加内利绘；刘鸿旭译. — 济南：山东教育出版社, 2022.1
（世界的故事）
ISBN 978-7-5701-1748-2

Ⅰ. ①地… Ⅱ. ①特… ②埃… ③刘… Ⅲ. ①地球－少儿读物 Ⅳ. ①P183-49

中国版本图书馆CIP数据核字(2021)第127432号

责任编辑：张彤彤　何　涛
责任校对：任军芳
责任美编：杨诗韵

DIQIU DE GUSHI —— JIEKAI DADI DE AOMI
地球的故事——揭开大地的奥秘

SHIJIE DE GUSHI
世界的故事

[意] 特蕾莎·布翁焦尔诺 著　[意] 埃莉萨·帕加内利 绘　刘鸿旭 译

主管单位：山东出版传媒股份有限公司
出 版 人：刘东杰
出版发行：山东教育出版社
地址：济南市市中区二环南路2066号4区1号　邮编：250003
电话：（0531）82092660　网址：www.sjs.com.cn
广东大音音像出版社
地址：广州市荔湾区百花路10号花地商业中心西塔1106
邮政编码：510375
电话：（020）83202416　网址：www.gddy020.com
印　　刷：佛山家联印刷有限公司
版　　次：2022年1月第1版
印　　次：2022年1月第1次
开　　本：880 mm × 1230 mm　1/32
总 印 张：22.5（本册印张：3.75）
总 字 数：240千（本册字数：40千）
定　　价：125.00元（全6册）

（如印装质量有问题，请与印刷厂联系调换）印厂电话：0757-83206488

目　录

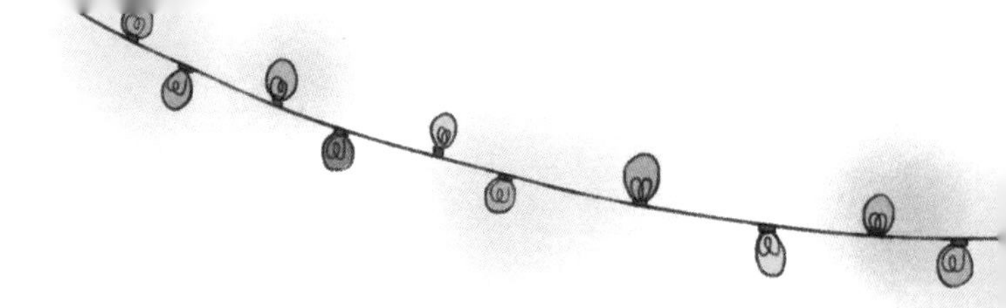

给孩子认识世界的知识宝库

双生子佯谬

宇宙

你知道什么是佯谬吗？佯谬是指一个命题看上去是错误的，但实际上不是。下面要讲的故事就是关于佯谬的。

从前有一对双胞胎兄弟，两个人长得一模一样。他们 20 岁的时候，一个当了宇航员，一个成了老师。当了宇航员的，工作以后，向着未知的世界出发了；而老师呢，则每天骑着自行车去学校上课。40 年之后，宇航员从宇宙中回来了，他的脸上没有一丝皱纹，头上也没有白发，仍然是那么挺拔、健壮；但是做老师的那一位却已经变老。两兄弟中的宇航员，并不是吃了什么长生不老的仙丹，他只是在宇宙里遨游了一圈。他的宇宙飞船飞离地球的速度越快，地球上的时间对他来说就变得越慢。钟表上的指针仍然在一格一格地走着，心跳也从来没有停止，但宇航员经历的时间却比在地球上生活的孪生兄弟经历的时间短。

这个故事从来没有发生过，只是法国物理学家朗之万根据爱因斯坦的狭义相对论提出的思想实验。爱因斯坦认为，只有跟空间、物质和在宇宙中的移动速度放在一起，我们认识的时间才有意义。

但是，因为我们就在这样一个世界中，所以没法了解这个世界中各种事物真实的样子。对我们来说，时间只是全世界都在使用的一种计量方式。我们地球上的所有人都在用同一个时间系统调准手表和时钟，只有这样，才不会错过火车、航班、渡船。如果想要发现跟我们不同的另外一种时间系统，就必须去地球之外的空间里，去另一个世界居住。或者是掉进黑洞里，进入一个跟我们地球不同的另外一个世界。

地球绕着太阳转

时区

我们的地球是自西向东转动的，同一个时刻，不同经度的地方，时间也不一样。因为地球一直在转，各地日出日落的时间不一样，比如：意大利的孩子上床睡觉的时候，在世界的另一边，澳大利亚的孩子要起床去上学；印度的孩子准备吃晚餐，而法国的孩子正准备吃下午茶。为了弄清不同国家的时间是几点，人们把地球分成了很多格子，这些格子就叫作时区。每一个时区的形状，就像过去手工纺线用的纺锤，也有点像橙子瓣。地图上虚构的竖的细线，叫作子午线，它们连接着南北两极，将时区隔开。子午线总共有 24 条，跟每天 24 小时相吻合。根据国际公约，人们将穿过格林尼治天文台的子午线定为本初子午线。在地图上，如果我们向右边走，也就是向东走，那么，每跨过一个格子，也就是跨过一个时区，我们的时间都要加一小时。而如果我们向左走，也就是向西走，每跨过一个时区，我们的时间就要减一小时。如果你从伦敦向亚洲出发，然后再经过美洲返回，你就会赚到一天。但是如果你从西班牙向美国出发，然后再经过亚洲返回，你就会失去一天。

意大利作家罗大里编了一首童谣：“童谣编给所有娃娃，给意大利娃娃、埃塞俄比亚娃娃……还有黄皮肤娃娃，他们生活在中国。那边到了傍晚时，意大利还天大亮……全世界的小朋友，站在经线纬线上，大家一起手拉手，围成圆圈唱又跳。”

大海上的洗礼

赤道

达尔文是个非常有名的人，因为他是第一个研究人类起源，第一个研究地球上各种生物进化过程的人。达尔文年轻的时候就经常收集一些石头、贝壳、虫子……他想当一名自然科学家。他生活在一个富裕的家庭，在剑桥大学读书。后来有一天，英国政府组织了一次环球远征，达尔文也去参加了。这次远征，他没有报酬，船队只提供子弹和火药，其他的东西包括步枪，都要自己解决。然而对他来说，能参加这次远征是一种荣耀。这次远征把达尔文带到了很远的地方。他乘着一艘大船出发，船的名字叫“比格尔”，那本来是一种猎犬的名字。那时候达尔文 22 岁，他的船长才 26 岁。

他们的船是 1831 年 12 月 27 日出发的。按计划，他们的行程需要用两年的时间走完，但是最后他们用了 5 年时间。出发后的前 10 天里，达尔文晕船晕得特别厉害。大船驶过赤道——那条把地球分成南北两半的无形的线的时候，达尔文迎来了大海上的洗礼：船员们在他脸上涂满油漆和柏油，给他剃了胡子，然后把他装进了一个特制的浴缸里给他洗澡。这个特制的浴缸，其实是水手们取了一片帆布，扯着四个角，在中间装满海水做成的。这是水手们接纳新人的一种仪式。从那时起，达尔文真正成了一个大人。

他们的船航行到了南美洲最南端的火地岛，然后继续向南，绕过合恩角，再向北朝着赤道航行，在加拉帕戈斯（传说中被施了魔法的一片岛屿，在太平洋东部赤道上）停留了一段时间。达尔文在那里收集了很多石头、昆虫和其他奇怪的东西，这些东西装满了几只大箱子。他还记满了很多笔记本。当时他还没有意识到，这些东西如宝藏一样珍贵。

失去一天，赚到一天

世界

200 年前，英国有位高贵的绅士想要环游世界，他还跟朋友们打赌，说他能在 80 天内环游世界一圈。这位名叫斐利亚 · 福格的绅士带着他的法国佣人（佣人帮他提着行李），从伦敦出发。佣人名叫万事通，因为他就像能够打开任意一扇门的万能钥匙，精通各种本领，在这趟旅程里不可或缺。在他们的旅途中，发生了各种各样的事情。他们乘坐了火车、汽艇、马车、商船、雪橇，甚至还骑了大象。有一次，福格把万事通从北美印第安人那里救了出来；还有一次，火车即将出发，福格却还在等万事通，而万事通则去解救一位印度寡妇（她的丈夫刚刚去世不久，但她却要遭受火刑为丈夫殉葬）了；途中，福格还要想办法逃

脱警察给他设下的各种圈套，因为他被怀疑是窃贼。

最后，距离出发整整80天后，福格回到伦敦，马上就要赢了，却因为一件非常不凑巧的事情晚了5分钟。而这短短的5分钟足以让他输掉他打的赌。但是福格突然意识到一个很蠢的问题，他回到伦敦的时候并没有迟到5分钟，而是提前了整整一天的时间。他赢了！他也不知道是怎么赢的，也不知道是因为什么赢的。福格不知道的是，同样的事情也发生在了陪同著名探险家麦哲伦完成环球航行的皮加费塔身上。福格的经历告诉人们，在环球旅行的过程中，如果一直向东走，就会赚到1天（增加1天）；而如果向西走，就会失去1天（减少1天）。这是19世纪法国著名科幻小说家儒勒·凡尔纳在他的小说《八十天环游地球》中讲述的一个故事。

骑着自行车，跨过小山包

丹麦

丹麦的孩子就算半夜醒来，闭着眼睛都能把丹麦的地图画出来。但是别的国家的孩子，想要在世界地图上找到丹麦都很费劲，因为丹麦并不是一个很大的国家。这个国家坐落在欧洲北部的日德兰半岛上，就像一根伸向挪威的手指，但却永远不能触碰到挪威。丹麦有很多岛屿，比如西兰岛（丹麦首都哥本哈根就在这里）、菲英岛（安徒生出生的地方）和眼镜形状的图罗岛。

丹麦是一个地势相对平坦的国家，因此，在丹麦，所有人都是骑自行车出行的，就连国王也是。但是有些人认为，丹麦人都骑自行车，是因为这个国家到处都是“小山包”，只要从一个小山包滑下去，无须费力就能滑到下一个小山包顶上，像坐过山车一样。这是生活在图罗岛的丹麦女作家卡林·米卡爱丽丝说的。她当时在图罗岛把很多被纳粹迫害的犹太人朋友藏了起来。因为卡林的这个举动，她的书在德国都被拿到广场上烧掉了，包括她写的儿童读物，比如长篇小说《小比比》（共5

卷，讲的是一个丹麦小流浪儿的故事）。卡林能把这些朋友藏起来，是因为在图罗岛上几乎所有人都有好几座房子。好的房子一般都是关着的，这样就不会被破坏。其他的小房子平时就算弄得乱七八糟也不用担心。所以，如果你是个邋遢的孩子，那么生活在图罗岛上，也会因为无拘无束而感到很开心。

1200万根木桩

威尼斯

在意大利，有一座城市的街道都是水做的，人们出门不坐车而是乘船。这座城市就是1500多年前在无数木桩上建成的威尼斯。现在，威尼斯的房子下面，仍然有1200万根木桩支撑着。这座城市由约120个小岛组成，城里有170多条运河，约450座桥。

如果你是个生活在威尼斯的孩子，那么每天晚上，窗外缓缓流过的涓涓河水会陪伴你进入梦乡。但近些年水流的声音听着有些悲伤，因为这里的水被洗涤剂、工业废水污染了，而且各种海藻不断繁殖，散发出臭味。这里的路上没有汽车，也没有摩托车。虽然这样你可以安心玩球，但是一定要小心，不要把球弄到水道里，或者说威尼斯运河里。在这里，孩子们一般是步行上学，但是如果你的学校很远，就要乘坐小汽船。这种小船就像专为小孩子设计的，每天吹响汽笛叫孩子们去上学。游客们会乘坐贡多拉——一种又窄又长的黑色小船，船头和船艄向上翘起呈月牙形。这种小船并不是因为设计错了才做成这样，而是只有这样才能走得笔直，因为船上只有一个站在船尾撑船的桨手，而且只有一只桨。船身采用不对称设计，以免划起来原地转圈圈。要使小船随时随地保持平衡，摇得稳稳当当，需要相当高超的技术。

威尼斯虽然有很多很多柱子支撑着，但是每年都会下沉一点点。尽管威尼斯每年只下沉 1 毫米，但全世界都在为她担心，因为威尼斯是全世界公认的艺术明珠，她的那些倒映在大运河中带着华丽装饰的建筑，以及无数的文物都是世界级珍宝。如果我们不好好爱护她，我们将失去这个珍宝。

意大利著名旅行家马可·波罗当年就是从这里出发，前往中国。

马可·波罗的旅途

中国

虽然马可·波罗出生在威尼斯——一个以海为家的地方，但是他却在元世祖忽必烈统治下的中国，度过了生命中的大部分时间。他在中国是一名皇家骑士，佩戴忽必烈赐予的银腰带，奉忽必烈之命到各地巡视，观察不同地方的各种事物，并且记录了下来。在那个时代，人们并不知道世界是什么样的，甚至不知道自己生活的国家是什么样的。

那时的中国走在时代的前端。忽必烈的御用制图师根据马可·波罗的指示，在世界地图上绘制出了中国的地图。马可·波罗从中国人那里第一次听说了地球不是平的，而是一个球体，与当时威尼斯人说的一样。在护送阔阔真公主前往波斯成婚的途中，马可·波罗直观地感受到了大地是圆的。当时他们走的是海路，因为陆地上到处都在打仗。前往波斯的旅途用了 3 年的时间，因为当时只有帆船，想要等到顺风，有时候要等上好几个月。在这段旅途中，马可·波罗见识了陌生国度的风土人情，看到了各种令人难以置信的动物，也看到了天空在一点一点地变化。天空中那些他认识的星座消失了，又有新的星座出现，大地好像真的在转动一样。而且，在北半球上看到的天空跟在南半球上看到的天空是不一样的，到了南半球就看不到指示北方的北极星了，而是由南十字星座来指示方向。

忽必烈在马可·波罗前往波斯的时候驾崩了，而后来马可·波罗也回到了威尼斯，在那里没有人知道他是谁。他的游记被人收录进了一本书中，名字叫作《100万》，意思是100万句胡说八道的话（也就是我们熟知的《马可·波罗游记》），因为当时所有人都认为马可·波罗讲的话都是胡说八道。马可·波罗死后，他的笔记和地图几经辗转到了一个热那亚人手中，而这个热那亚人就是哥伦布。两个世纪后，哥伦布带着马可·波罗的笔记和地图，踏上了寻找中国的旅途。

成吉思汗

中国

成吉思汗（蒙古汗国开国皇帝、杰出军事家）小时候住在一顶圆圆的毛毡帐篷里，帐篷上勾画着红色和绿色的纹饰，还有弓、箭的图案。公元13世纪初，他成为大蒙古国的可汗（古代游牧民族首领尊号），尊号为“成吉思汗”。夏天，他的部落会驻扎在大山上；到了冬天，他们会搬到山谷里。他们住的帐篷叫蒙古包，是一种特殊的帐篷，可以在木架子上面快速安装，快速收起，可以像手风琴一样开合。帷幔和家什可以驮在牦牛背上。牦牛跟水牛长得有点儿像，是当时人们最重要的财富。人们可以用牦牛的毛做成毡子，用牦牛的奶喂养小孩，用牦牛的骨头做成工具，甚至做成玩具。而牦牛的粪便在太阳下风干以后，可以做成非常好的燃料。部落的男人们骑着飞奔的骏马，就像杂技演员一样，他们追赶敌人，在马背上转身、跳跃，即使背贴着马鬃，只要脸转向敌人，就能向敌人准确地射出致命的一箭。

成吉思汗的名字叫铁木真，意思是“像钢铁般坚硬”。“铁木真”是个鞑靼族人的名字，是他出生那天，他的父亲抓到的一个敌人的名字。那时候，他们的族人有个传统，就是用他们敬佩的敌人的名字来给自己的孩子起名。铁木真 9 岁的时候，父亲给他和另一个部落的可汗的女儿订了婚。按照蒙古的习俗，父亲要把他带到未来的岳父那里举行成人礼。返回的途中，铁木真的父亲被杀，而他也结束了作为草原王子的快乐童年时光，开始了“天狼”的故事，并最终成了伟大的君主。

国王的耳目

波斯

今天的伊朗曾经叫作波斯，是一个充满了传奇色彩的国度。当时的波斯帝国非常庞大，国土西起埃及，东至印度，横跨亚欧非三大洲。国家这么大，如何才能及时地传递重要军情、调兵遣将呢？为此，当时（公元前 5 世纪）的国王修建了一条皇家大道，就是历史上著名的波斯御道。这条皇家大道跨越山谷、峭壁、平原，蜿蜒 2000 多千米。

那时候没有电话，也没有飞机、火车，传递信息只能靠人和马。皇家大道上每隔 30 千米会有一个驿站，在这里，国王的信使可以换班，而信息则会由新的骑手、新的马匹继续接力传递。借助这皇家大道，信使们 10 天就能走完商队走 100 天的路程。除了信使，同样在这些大道上走着的还有“税收”。那时候税收以各种形式呈现，人们有时用羊交税，有时用马匹交税，有时用金子，有时用银币，甚至有的把年轻人献给国王做仆人来抵税。

如果你是一个生活在那个年代的伊朗孩子，可能你会梦想成为国王的一名信使，骑着马周游世界。或许，你想成为一个秘密特工，进入“国王耳目”的队伍中，到处巡视，观察周围的人和事，竖起耳朵去发现被隐藏的不公，并向长官报告，为的就是纠正不公正的现象。你还需要注意的是，不能让波斯帝国的省行政长官收双倍的税，把多收的税装进自己的口袋，还要保证没有人会滥用职权。可能你长大了会想从事这种工作，为公平正义服务。

会飞的鱼

日本

在日本，每年5月5日，空中会出现“飞鱼”。其实那是有孩子的人家把风筝做成了鱼的样子，竖在屋顶。这是因为孩子们的节日到了，但是这个节日只有男孩子才过。女孩子们的节日在3月3日，那天，小姑娘们会把自己的布娃娃挂在窗前。因为小姑娘们会从自己的妈妈那里得到她们妈妈小时候的布娃娃，而妈妈们的布娃娃又是从小姑娘们的外婆那里传下来的。如果你走在街上，抬眼望去，会感觉置身于布娃娃博物馆。

如果你家住的是传统的木质房子，你会发现门窗是用纸糊的，可以滑动移开。进门的时候，你要脱鞋。早上起床后，你要把“床”卷起来（你的“床”其实只是棉被褥子），然后把卷好的床铺放到柜子里。在屋子里面，没有椅子，日本人都习惯了盘着腿席地而坐。

如果你住在拥挤喧闹的城市里，比如在东京，出行大多是乘坐地铁。地铁里面非常拥挤，而且会有戴着白手套的人轻轻地把你往前面推，协助你挤上车。

鱼跃龙门

中国

中国广袤的大地上，横贯着一条黄色的“巨龙”，它自巴颜喀拉山脉奔腾而来，咆哮着穿过黄土高原，将大量的泥沙带到华北平原，最后一头扎进渤海中。这条“巨龙”就是黄河，全长约 5464 千米，流域面积约 75.3 平方千米，是中国第二长河，世界第五大长河。

黄河是中华民族的母亲河，黄河流域被称为中华民族的摇篮，也是世界文明的发祥地之一。相传中华民族的始祖之一——黄帝就出生在这里。传说人是天神女娲用黄河泥捏成的。民间还广泛流传着“鲤鱼跃龙门”的故事。“龙门”位于黄河中段，水流湍急，汹涌澎湃，穿越这个狭长通道后，河床陡然变宽，水势也变得平缓，前后反差巨大。传说，每年三月会有无数的鲤鱼从各条河流游到黄河，汇集到龙门之下，竞相向上跳跃。鲤鱼一旦登上龙门，就有云雨相随，天上会降下大火烧掉鱼尾，鲤鱼化身为龙。在古代，人们把学子在科举考试中取得成功比喻为“鱼跃龙门”。

绿色的大地

格陵兰

维京人生活在斯堪的纳维亚半岛，他们都是了不起的水手。他们的船都是用特殊的方法建造的，任何风暴都不能把他们的船弄沉。由于他们的土地大多是冰冻的，又有很多岩石，因此他们要出海去寻找更肥沃的土地，但是没有人愿意接纳他们。说实话，他们身材高大，脾气暴躁，喜欢吹牛，高傲自大，习惯用他们自己那个地盘上的复杂的方式处理矛盾（解决争端、报仇）。他们那种办法在其他国家的人看来简直是愚蠢至极。

埃里克跟这个族群里面的其他人没什么区别，他身材高大，长着红胡子和红头发，从小就跟着爸爸离开了自己的家乡，因

为他爸爸杀了很多人，所以要躲避仇人。埃里克在冰岛长大，他跟他爸爸一样，也惹了很大的麻烦。他干的事，他认为是正确的，在冰岛却是触犯了谋杀罪。他被判 3 年流放，出海去寻找传奇般的土地。那片土地还真被他找到了，从各个方面来看都非常棒，而且那里满眼都是绿色的肥沃土地。埃里克把这片土地称为“格陵兰岛（绿色大地）”。流放期满后，他回到了冰岛，很多人被他所讲述的东西吸引了，跟着他一起来到了那个遥远的国度。他们在公元 986 年出发，总共有 500 人，乘坐 25 艘船。到了那里以后，埃里克成了一个人人敬仰的领袖。他的大儿子列夫到达了更远的地方，发现了三片土地，第一片土地只有光溜溜的岩石，第二片土地有着丰富的森林资源，第三片土地有大片大片的葡萄园，那几个地方分别被叫作荷鲁兰、马克兰、文兰。有人猜想这三个地方有可能是现今的巴芬岛、拉布拉多和美洲。而美洲，就是 500 年后哥伦布发现后误认为是亚洲的大陆。

哥伦布发现新大陆

美洲

威尼斯人马可·波罗向世界讲述了他在中国的奇妙旅程，在他留下的众多物品当中，有一本旅行游记，叫作《马可·波罗游记》。许多年后，热那亚（今意大利西北部）有个少年把这本书反反复复读了很多遍，又思考了许久，他就是哥伦布。他当时是个见习水手，后来成为一名海员。25 岁时，他破产了。无奈之下，他以画地图过活。他一边画地图，一边想着马可·波罗描述的世界的样子。或许那个威尼斯人说的没错，地球不是平的，而是像一个圆球一样？如果地球是圆的，那么想要到达中国，不仅可以骑马横穿亚洲去那里，还可以往相反的方向出发，横渡大洋到达那里。而且还可以在海的另一边找到 Cipango（马可·波罗当时称呼的日本），那是一个盛产珍珠的地方。

在葡萄牙，没人把哥伦布说的当回事。但是西班牙国王费迪南多和王后伊莎贝拉对他的计划很感兴趣，他们给了哥伦布 3 艘帆船，还有很多美好的祝福。

探险船队出发后，哥伦布没有遇到任何暴风雨，而且一直是顺风航行。但是储备物资很快就耗尽了。吃光了船上所有的老鼠之后，船员们开始吃鞋子、鞋带。在海上漂泊了 33 天又 23 个小时后，大约在 1492 年 10 月晚上，他们终于看到了陆地。他们发现了美洲大陆却浑然不知。哥伦布甚至不能以自己的名字命名这块新发现的大陆。后来这块新大陆，也就是美洲（America）是以一个在他后面到达这里的人的名字命名，那个人叫阿美利哥（Americ）。哥伦布回到欧洲时，没有带回金子，也没有带回什么财宝，但是他却从美洲带回了马铃薯、菜豆、玉米、西红柿、胡椒、可可、烟草和橡胶。没有人为他庆祝，后来他只能贫穷地死去，并很快被当时的人们遗忘。

海盗与商人

直布罗陀

伴着吹过四角帆的风奏起的歌声，帆船在海上疾驰。当风声停息，笛声响起，船上 50 名桨手听着节奏疲惫地划桨，伴奏是桨落入水中的声音。大船载着海盗，载着商人，货仓中藏着货物和掳掠来的少女。这些大船属于腓尼基人，他们来自巴勒斯坦和土耳其之间的一片土地，就是今天的黎巴嫩。他们无所畏惧地到处穿梭。在当时，腓尼基人是了不起的航海家。

公元前 600 年，也就是距今 2600 多年前，腓尼基人越过了西班牙和摩洛哥（欧洲和非洲）之间的直布罗陀海峡（当年被称为海格利斯之柱，海格利斯是希腊神话中的大力神）。当时的人们认为，海峡是世界尽头，再往西走，就会掉到海洋的边缘外头去了。腓尼基人用行动证明实际上并不是这样。他们乘着船，越过直布罗陀海峡后，南下到了非洲西海岸，北上直到爱尔兰。60 艘腓尼基人的船只从阿拉伯半岛和埃及之间的红海出发，沿着非洲大陆的海岸线，到达了非洲大陆最南端的好望角，接着绕过好望角北上，从直布罗陀海峡进入地中海，然后返航。

整个航程用了 3 年。

他们在陆地上过冬，播种麦子，收获后补充了储备物资再重新出发。他们说，前半段路程，他们看到太阳从右边落下；后半段路程，看到太阳从左边落下。希腊人嘲笑他们，说他们是骗子。然而，腓尼基人说的没错，因为他们通晓天文，用星星导航。被我们用来辨别方向的北极星，从前叫作腓尼基星。希腊人尤利西斯踏上旅途的时候，就带着一本腓尼基人的航行手册，类似于一种专门为当时的商人制定的旅行手册。

伟大的探险家

非洲

英国人大卫·利文斯顿（1813—1873）是人类历史上最伟大的探险家及传教士之一。200多年前，是他带领团队不畏艰险前往非洲探险，克服重重障碍发现了大瀑布，并且以英国女王的名字将大瀑布命名为维多利亚瀑布。之后他还发现了希雷河谷，还有栖息着大量黄脚绿鸠的马拉维湖。他的一生给非洲人民带来了福祉。就地理而言，他是画出非洲内陆河川、山脉的第一人；就政治而言，他是终止非洲人被贩卖为奴的关键者；就探险而言，他是进入非洲内陆的先锋；就科学而言，他在详细记载非洲动物与植物上开了先河。后世的人称他为“非洲之父”，在今天的非洲地图上，仍有30多个地方以他的名字命名。

1873年5月1日的早晨，在赞比亚班韦卢湖南岸，人们发现利文斯顿在跪着祷告时过世了。他死于痢疾造成的内出血和疟疾。人们把他的心脏埋在附近的一棵树下，然后两位忠心的仆人跋涉千里，将他的遗体送返英国，葬于伦敦威斯敏斯特教堂（英国历任君主以及一些伟人都葬于此地）。

追寻探险者

非洲

亨利·莫顿·斯坦利1841年出生于英国威尔士北部城市登比。17岁时，他只身前往美国新奥尔良。美国内战结束后，他在《纽约先驱报》担任自由记者和特约通讯员，并于1871—1872年获得报社资助，前往东非寻找英国探险家及传教士大卫·利文斯顿。他出发的时候，带了2000名脚夫，以及用来与当地土著交换的一块白熊皮小地毯，一块波斯地毯，若干玻璃珍珠，几千米长的布匹。

7个月后，他找到了利文斯顿。1874年，斯坦利再度前往非洲探索广阔的中非地域。1874年11月从印度洋上的桑给巴尔岛回来后，斯坦利继续环绕维多利亚湖航行，并探索了艾伯特湖和坦噶尼喀湖。随后，他顺着卢瓦拉巴河和刚果河下行，于1877年8月抵达大西洋。《穿越黑暗大陆》是斯坦利的旅行游记，文中详细描述了他所经历的种种艰辛和磨难。从桑给巴尔岛出发时，斯坦利一行共有356人，最终仅114人幸存，斯坦利是唯一活下来的欧洲人。

私掠海盗和17世纪美洲海盗

加勒比海

人们都知道，海盗就是那些在海上和沿海抢劫过往船只与城镇的人。而对于私掠海盗，就很少有人知晓了。他们是海上的雇佣兵，几个世纪前，在战争时期受雇于某一个国家，掠夺敌对国家的商船。17 世纪活跃在美洲海岸线上的那群海盗却是介于私掠海盗、合法雇佣海员、海盗和来去自由的抢劫犯之间的一种存在。他们来自欧洲，在加勒比海上一个叫作托尔图加的小岛上建立了自己的基地，17 世纪末被破坏掉了。这些全都是 19 世纪意大利探险小说家埃米利奥・萨尔加里的冒险小说中讲述的内容。萨尔加里因创作了小说《撒哈拉强盗》《遥远的西部》和《私掠海盗》而名声大噪。他写的私掠海盗是文蒂米利亚（意大利的一座城市）的伯爵。那时候意大利还没有统一，文蒂米利亚是皮埃蒙特的一个伯爵的领地，受奥斯塔家族统治。17 世纪的时候，奥斯塔家族利用文蒂米利亚的私掠海盗帮助法国对抗西班牙。文蒂米利亚的海盗有 4 个头目——翁贝托、埃米利奥、罗兰多和孔萨尔沃，都是二三十岁的样子。一个叛徒杀了大哥翁贝托，剩下的三兄弟只好逃离，并且发誓要报仇雪恨。他们当起了私掠海盗，分别是红海盗、绿海盗和黑海盗。那个背叛了他们的人成了马拉开波的总督。剩下的三兄弟最后有两个被他抓住，然后烧死了。只剩下黑海盗还在继续战斗，停靠在托尔图加休整。有一天，黑海盗爱上了一个马拉开波的姑娘，丝毫不顾这个姑娘是敌人的女儿。他是为了报仇雪恨杀掉这个姑娘呢，还是为了爱情跟她在一起？在萨尔加里的所有故事中，黑海盗的故事是最引人入胜的。故事分为三部曲:《黑海盗》《加勒比女王》和《优兰达，黑海盗的女儿》。这几本书里都有不容错过的精彩故事。

玛雅人的红色小包

危地马拉

如果你是一个生活在中美洲危地马拉（玛雅人后裔的主要居住地）的孩子，在你刚出生的时候，家人就会在你脖子上挂一个红色的小包，叫莫拉利托针织包。这个小包里装着大蒜、盐、一点点石灰和几片烟叶。这是当地人的传统。这个小包的红色象征着太阳、上帝和父亲，还有宇宙的伟大驱动者。在以往，你所在的族群，人们头戴羽毛饰物，主宰着这片如狭窄桥梁般连接着南北美洲的土地。随着年龄的增长，你会逐渐懂得，很多宝贵的东西是看不到也摸不着的，比如尊严。你的先辈们虽然失去了自己的帝国，但并没有丢掉自己的尊严。虽然在抗击白人侵略者（西

班牙人在哥伦布发现美洲后入侵了玛雅人居住地）的战争中失败了，但是他们的尊严却永远留存在他们的精神里。玛雅人是玛雅基切人的后裔，他们是那个时代的建筑师和科学家，是那个时代的主人翁。3000 多年前，他们就通过仔细观察星星，编制出了日历。

如果你是一个玛雅部落里的小女孩，10 岁的时候你会收到一件衬衫、一条裙子、一条披肩、一根缠在腰上的带子和一条围裙。在这些服饰上面绣着像一条条彩虹一样的玛雅神庙[1]的图案。西班牙人害怕这些图案，因为他们认为这些刺绣的图案可以保护玛雅人的灵魂不被奴役。侵略者禁止部落的人们织布，只允许女性穿素色的衣服。但是，危地马拉的女人是不会放弃织布的，因为那是月亮女神伊希切尔的恩赐，这对她们来说是很神圣的，就像耕种土地对于男人来说非常神圣一样。

斐迪南·麦哲伦

菲律宾

意大利的孩子睡不着的时候就会数绵羊，而住在菲律宾群岛的孩子如果睡不着的话，他们就会数海岛，那里有 7107 个岛屿，有很多海岛甚至还没有命名。菲律宾最大的岛叫吕宋岛，第二大岛是棉兰老岛，第三大岛是宿务岛。还有巴拉望岛，它被誉为世界上最美丽的海岛，岛上有个美轮美奂的蝴蝶花园。1521 年，葡萄牙人斐迪南·麦哲伦在他第一次环球航行途中来到菲律宾，他的到来彻底改变了海岛上土著的生活，既传播了西方文明，也带来了殖民灾难。

16 世纪中叶，西班牙人占领了这里，他们用本国的王子、后来的西班牙国王菲利普二世的名字为这片群岛命名。人们说在棉兰老岛上，还有过着石器时代般的生活的部落；还有人说，宿务岛上有一个由麦哲伦插下的木制十字架，传说它每年都要长高 1 厘米。

麦哲伦死在了菲律宾，据说是被当地一个名叫拉普 – 拉普的首领杀掉的。在麦哲伦遇难的地方，有一块纪念碑。碑文的一面是纪念完成人类首次环球航行的麦哲伦，另一面则是纪念击退欧洲入侵者的民族英雄拉普 – 拉普。

在西班牙人之后，美国人又来占领这些岛屿。直到 1946 年，菲律宾才恢复独立。现在菲律宾是联合国成员国之一。

如果你是个孩子，那么你肯定会对菲律宾的一些东西感兴趣，比如呼啦圈，那是套在腰上转动的一个大圆环；或者悠悠球，玩起来的时候一个小球在一根绳子上滑上滑下，这个玩具是由古代的一种狩猎工具改造而成的。

在被誉为“太阳的语言”的他加禄语（主要被使用于菲律宾）中，英雄被叫作“巴亚尼”，而英雄主义也源于这个词。英雄要在亲人或朋友需要帮助时，伸出援助之手。如果有人以巴亚尼之名向你寻求帮助，那么你就不能拒绝。

古人的航线上

波利尼西亚

挪威人类学家托尔·海尔达尔之所以出名，是因为他成功发现了古代人类有能力用最简陋的船只远渡重洋，完成航海任务。然而古代的技术早就失传了。海尔达尔在波利尼西亚（太平洋三大群岛之一）的法图－伊瓦岛上研究当地居民生活的时候，从当地人讲述的传说中发现了一些蛛丝马迹。有一天，海尔达尔听到一个当地人在讲他们族人的历史，说他们是循着提基神的指引来到这个岛上的。提基神是谁？他们的祖先来自哪里？都是谜团。直到有一天，海尔达尔从印加[2]传说中找到了谜团的答案。秘鲁曾经有一位国王，被誉为“太阳之子”，名字叫作康－提基。他被入侵者打败后，只带了几名随从从海上逃走，最终消失在了大海深处，没有留下一丝踪迹。两个事件说明了出逃的印加国王可能就是穿过大洋到达波利尼西亚的那位国王。但是历史学者却否定了这个假设。因为仅凭当时那种用轻木、灯芯草和纸莎草扎成的原始木筏子，是没有人能够穿越大洋的。海尔达尔用这种原始的木筏去试验，然后发现，海上那些可怕的巨浪能轻易损毁现代船只，却不会对原始木筏造成任何损坏。于是他找了 5 个同伴跟他一起完成这次旅行。在秘鲁的丛林里，他们甚至找到了古代人用来造船的那种树。海尔达尔照着原始木筏的样子，利用古代的技术造了几艘一模一样的船。他造船时没有用到一颗钉子，而是用麻线拧成的绳索来固定木头。各路专家都说，他造的这些船，只能在海上漂泊几天。然而，海尔达尔的康 - 提基号仿古木筏载着 6 个人，无惧风浪，根据星星的指引，到达了波利尼西亚。实际上，他们只是到达了波利尼西亚群岛外围的珊瑚礁，但最终他们还是到达了陆地，就像古代那个逃亡的秘鲁国王一样。

以这次远征为主题的纪录片获得了 1952 年的奥斯卡最佳纪录长片奖。在这之后，1970 年，海尔达尔乘坐纸莎草船完成了从摩洛哥到安的列斯群岛（位于美洲加勒比海）的航行。在挪威的奥斯陆，有一座以“康 - 提基”命名的博物馆，里面收藏了很多相关的文献和文物。

巨石人像[3]

复活节岛[4]

在太平洋上，有一座满是岩石的干旱的岛屿，如今依然孤悬在风浪中，远离任何一条航线。这座岛屿被当地人称为拉帕·努伊。1722 年，荷兰人雅可布·罗赫芬在复活节那天到达这里，于是他就把这个岛屿命名为“复活节岛”。当时岛上的居民长得有点儿像白人，又有点儿像印第安人。岛上有 3 座死火山，有很多条连到海底的地下通道，还有高 7~10 米的石像和刻着祈祷词的木板（被称作“会说话的木板”，也叫朗格朗格木板）。1774 年，库克船长在他的环球航行中经过了这里。19 世纪，一群肆无忌惮的秘鲁海盗来到了这里，把当地人赶走，或者把他们当奴隶卖掉，而他们的国王也不见了。塔希提（又译为大溪地岛）的主教非常愤怒，并向秘鲁政府提出强烈抗议。后来，复活节岛的居民被送了回去，但却带回了麻风病和天花。后面又来了一个人，自称已经从塔希提国王那里把这座岛买下来了，对岛上居民进行残暴统治。不过，岛上那些温和、善良的居民奋起反抗，最后把他杀死了。这个人死后，1888 年，他的继承人把复活节岛卖给了智利。现在已经没有人能够读懂朗格朗格木板上的文字了，也没有人能够像前人那样把巨石从火山口搬到沙滩上。但是岛上现在有了一座机场，一座医院，也有了络绎不绝的游客，甚至还通了互联网。

如果你是一个生活在复活节岛上的孩子，那么你可能会问：岛上那些通道，以前是不是用来通往另一个岛的？这座小岛以前会不会是某个伟大文明的中心？岛上的石像是不是来自很遥远的星球的外星人建造的？外星人有没有回到他们神秘的世界？如果你生活在离复活节岛很远很远的地方，梦想着到复活节岛上玩，那么你可以看看 1994 年的一部电影。这部电影叫作《拉帕·努伊》，讲述了欧洲人到达之前复活节岛上居民的生活。

笑面花和贪吃的小野狼

墨西哥

几百年前，如果你出生在墨西哥，那么很可能成为阿兹特克人[5]中的一员；如果你是个男孩，可能名字会叫贪吃的小野狼；如果你是个女孩，可能名字会叫笑面花。男孩们要学会使用武器，而女孩们会守在织布机前学习织布。你们到3岁才会断奶，然后就以墨西哥薄饼、蚕豆和猎物为主食。爸爸妈妈会教你们什么是好，什么是坏。8岁以前没人会惩罚你。8岁以后，如果你调皮捣蛋，就要被刺扎手指，或者脱光了扔进泥浆里。但是，你乖巧懂事的话，没有人会这么对你的。到了15岁，你就成人了。如果你是个男孩，那么20岁才能结婚，而女孩16岁就可以结婚。在学校里，你会学到你的责任是什么，你会学到你的民族的历史。长大成人后，法律对你来说会很严酷。你如果在市场上偷东西，会被乱石砸死。你如果在城外街道上抢东西，会被判处死刑。但是长途旅行的朝圣者，可以因为饥饿，在沿途的路上剥几颗麦子果腹。掳掠孩子的人会被判处死刑。醉酒的人会被乱石砸死，老人除外。那些本分的老年人，他们倒是可以喝点酒，也可以有些许自由。而污蔑别人的人会被割掉嘴唇，或许连耳朵也一起割掉。看到这里，你是不是已经怕得发抖了？那么，你要知道，如果一个阿兹特克人被带到我们的时代，他会抖得更厉害。与家人分隔两地，对于习惯了群居生活的人来说是非常可怕的。而且他们会惊讶于现在的孩子不会劳作，因为对于一个阿兹特克孩子来说，劳作就是他的生活。他们很快就能学会一项技能，因为他们的民族很擅长手工制作，每个人都尝试着用自己的双手创造出东西。然而，如此优秀的民族，却被来自远方的西班牙侵略者打败了……

圣雄甘地与印度

印度

如果你出生在印度，在刚出生的几个月里，你会得到很多很多爱抚，从头到脚的爱抚。每天，你妈妈会在早上和晚上用温热的油（冬天用芥子油，夏天用椰子油）给你按摩全身，从手指向上，直到发际线，而后又向下直到脚跟。这样不仅对身体好，对心脏也很好。等到你长大了，你不会喜欢使用暴力。爸爸妈妈会教你永远尊重每一种生物，即使是小昆虫。印度是全世界唯一一个不用流血牺牲争取到自由的国度。他们通过一场非暴力的革命取得自由，这次革命被称作“非暴力抵抗运动”。这是莫罕达斯·甘地发起的，他也被人们尊称“圣雄甘地”，意思是“伟大的灵魂”。

甘地出生于1869年，他在英国读书的时候只是一个平庸的学生。毕业后，他成了一名默默无闻的律师。那时候，印度还是大英帝国的一个附属国，到了第二次世界大战之后才获得独立。这都归功于甘地坚持不懈的努力。当时英国人打击印度本地的手工纺纱和纺织业，用纺纱机取而代之，而印度人民被迫趋于懒惰。他痛惜那些古老的、自给自足的村落被大地主霸占；村落中的手工艺人也沦为雇农，根据不平等的法律屈从于冷漠的地主。但甘地不甘心就此屈服，他开始用节食进行和平抗议。

是甘地教会了人们，可以通过所有人共同反抗不公平的法律而获得胜利。1948 年，甘地被一个狂热分子杀害。时至今日，印度因为他的斗争获得了自由，尽管贫穷问题还没得到很好的解决。

所有人的学校

巴比亚纳

巴比亚纳是意大利托斯卡纳乡下穆杰罗的一个小镇。如果不是20世纪50年代一位传教士在这里创办了一所非比寻常的学校，可能就没有人会知道这个小镇。这位传教士就是堂·洛伦佐·米拉尼。他跟他的学生们一起写了著名的《致教师的一封信》，解释了他倡导的学校教育的理念，这个理念与当下的学校教育不尽相同。他不想让学校成为一个只教育“健康人”，却将“病人”拒之门外的机构。他认为，学习既不是一种义务，也不是一种惩罚，而是一种权利。他的学校里没有讲台，只有大家共同学习的课桌，大孩子帮助小孩子，优秀的孩子帮助后进的孩子。学习不再是一种比赛，一种竞争，一种强求高分的赛跑，而是一项共同的任务。在这项任务中，一个人的胜利就是所有人的胜利；而如果一个人落下了，那么整队人都是失败的。

巴比亚纳小镇上，有的学生每天早上穿着胶靴，拿着火把在黑暗中步行来到学校上课。他是一个跟你年纪相仿的孩子，或者比你稍大一点。虽然害怕，但会鼓起勇气。他战胜了恐惧，战胜了疲惫，最终拯救了自己的人生。经过一年的学习，他也可以成为比他小的孩子的老师，培养他们的自信心和解决问题的能力。学校全年开放，任何时候都可以去，考试不再是让人害怕的事情。几乎没人知道，其实我们现在的学校采用了米拉尼神父的教学理念，课桌已经变成了可以移动的小桌子，学习有困难的学生也不会被推到特殊学校去了。学习是一场神奇的冒险，团队合作是获得胜利的关键，就像我们平常看到的足球比赛一样。

传奇球队

都灵[6]

意大利有一支历史悠久的足球队，如今仍然活跃在球场上。它就是都灵队。足球联赛曾经有一次因为世界大战中断了，但是都灵队的球员们都留在都灵这座城市里，在公司董事长的支持下继续训练。他们采用现代足球战术，三脚传球就能迅速直达对方球门前。跟其他球队不同的是，都灵队没有外国人。1946 年、1947 年、1948 年，都灵队连续三年斩获意大利冠军奖杯，称霸了整个意甲联赛。

这支球队已经成为一个传奇。意大利国家队的阵容当中，一度 11 名球员中有 10 名都是都灵队的球员。1949 年，都灵队的球员们去里斯本踢一场友谊赛，为一名将要退役的足球运动员举行欢送比赛。不幸的是，5 月 4 日，他们搭乘的飞机在返回都灵的途中撞上了苏佩加教堂，发生爆炸，无一人生还。球队的灵魂人物，意大利足球史上最伟大的球员之一——瓦伦迪诺·马佐拉也在失事的飞机上，他当时已是两个孩子的父亲。

后来马佐拉的两个孩子也成了足球运动员。飞机上还有一位体育记者——托萨提，他的儿子后来也子从父业，成为一名体育记者。

意大利国家足球协会（FIGC）决定那个赛季的联赛在那一天结束，并宣布当时处于榜首的都灵队为赛季冠军。赛季剩余场次按照计划继续进行，但是所有球队在比赛当中都安排队里的青年球员上场，包括都灵队。都灵队最终赢得了冠军奖杯。

从那时起，任何一支球队的球迷都会为都灵队动情，缅怀那些永远消逝的冠军。

来自大山的挑战

8000米

世界上有14座山峰的海拔超过8000米。有一个人曾经登上了这14座山的顶峰，其中有些是他独立攀爬的，在登顶某些山峰时他甚至连氧气罐都没有用。要知道，随着高度的攀升，空气会更加稀薄，呼吸也会变得更加困难。这个人就是莱因霍尔德·梅斯纳尔，1944年出生于意大利上阿迪杰区的布雷萨诺内。他爸爸是一名教师，假期的时候经常带他去福纳斯山谷，爬多洛米蒂山。就是在这里，梅斯纳尔5岁就完成了他的第一次攀登。怎么会有小孩子抵挡得住攀登高山的魅力？他对攀登的热情就这样一发不可收。对于这个布雷萨诺内的孩子来说，爬山的吸引力胜过世界上任何事情。15岁的时候，梅斯纳尔就已经可以每年爬5次山了；到了20岁，他每年要爬100次山。为了爬山，他错过了去大学报名。爬山对他来说不仅仅是一种游戏，更是一项非常重要的事业。通过爬山，他可以锻炼肌肉和呼吸，可以丈量自己，能够满足挑战极限的愿望。为了到达终点，他铭记他爸爸的座右铭——坚持不懈，日臻完善。从大山中的家里出发，他走得越来越远，他周游世界，从阿拉斯加州到秘鲁，他登上了阿根廷的阿空加瓜山；在坦桑尼亚，他登上了乞力马扎罗山；在喀喇昆仑山脉上，他攀登到了乔戈里峰；在喜马拉雅山上，他登上了珠穆朗玛峰；在日本，他登上了富士山。他可以徒步穿越戈壁沙漠。大山是他的好朋友，即使大山带走了他的两个兄弟。

后来，梅斯纳尔又加入了拯救大山的行动中，因为即使是世界屋脊珠穆朗玛峰，也被各个登山队留下的垃圾入侵了。自1999年至2004年，梅斯纳尔被意大利绿党[7]选举出来，派到欧洲议会，成为欧洲议会议员名单中的独立议员。迄今为止，梅斯纳尔完成了50次远征，3500次攀登。

贝法娜女巫和马萨穆雷利

罗马

罗马是一座古老的城市，“疾病”缠身，满是回忆，永远都需要各种各样的修修补补。罗马是意大利的首都，这里有意大利的总统府，还有古代的斗兽场。古时的罗马人不看足球赛，而是去斗兽场看角斗士执剑格斗。在罗马的民间传说里，有一个很顽皮的小精灵叫马萨穆雷利，他很喜欢捉弄人，经常在晚上把人们的被子扯走，白天就会把人们桌上的纸弄飞，把剪刀、眼镜或者家里的钥匙给藏起来。在特拉斯泰韦雷区，也就是罗马的老城区里，有一条小巷子就是以他的名字命名的。

如果现今的罗马因为老鼠的入侵而烦恼，那么过去这些老鼠还是被成群的、自由而独立的猫咪牢牢监视的。这些猫咪在名胜古迹之间高傲地游荡着，被年迈的婆婆用吃剩的食物喂养着，她们把食物放在别墅的矮墙上，放在街道的角落里。到了现在，猫咪们都不见了，有人说是在战争年代被那些无知的居民当兔子给吃掉了。随后老鼠就变成了这座城市的主人。然而，传说中，罗马城真正的女王是一个名叫贝法娜的老女巫。她并不担心那些猫咪，而是把那些因为贫穷而收不到圣诞礼物的孩子挂在心上。她的名字来源于人们读错了的主显节[8]的音节。她从天上飞来，不是驾着驯鹿而是骑着扫把，她从烟囱进到屋里，在孩子们挂起来的长袜里放入礼物，例如果仁饼、糖果、小玩具和小木偶，有时候会放一点儿煤炭进去，因为在曾经的一段岁月里，这也能为冬天的取暖起到一点点作用。到了今天，没有人会再放煤炭了，取而代之的是糖，同样也能给人带来温暖。

会奏乐的塔

普拉托

有时候，风摇晃树枝，吹过百叶窗，孩子们会在被子里缩成一团。小熊维尼说，这是偶然刮起的大风，因为他有自己的一套日历来记录每一天。但是风有很多种，南方刮来的西洛可风[9]，会带来热量和沙子；来自北方的寒冷北风，带来冰霜，可以直接吹透身上穿的衣服。意大利罗马的酷暑是西风带来的，但是现在因为高楼大厦的阻挡，风再也吹不到市中心了。在德国，吹起的焚风[10]会让人头疼，因为强有力的焚风让人燥热。

还有一种特别的不是很强烈的风，只在意大利托斯卡纳的普拉托才有。这种风产生于卡莱斯塔诺的丘陵地区。人们把这种风称为“卡尔瓦那”。这种风除了普拉托，在全世界的其他任何地方都没有。以色列设计师达尼·卡拉万很多年前就想为这种特别的风建立一座纪念塔，一座除了卡尔瓦那，其他事物不能进入的白色纪念塔。当卡尔瓦那吹来，穿过纪念塔的时候，会在塔中的音乐迷宫里上气不接下气地绕来绕去。微风拂过，白塔奏乐，纪念塔就会变成音乐之塔。这座纪念塔的美妙之处就在于，其他任何一种风穿过的时候，都不会发出声音。

如果你是一个普拉托的小朋友，一定会希望有一天能够听到这座白塔奏起的音乐声，因为你的爸爸妈妈还在你这个年纪的时候，就已经有这个项目了，可是白塔到现在还没有建起来。但是，谁也说不准，可能有一天，人们从世界各地来到这里，只为了聆听白塔的歌声。

汉尼拔的少年

密苏里州

汉尼拔市在美国密苏里州的密西西比河流域内。密西西比河是美国最长、世界第四长的河流。汉尼拔市之所以出名，是因为一个小伙子——他在这里长大，后来成为河上的一名舵手，再后来成为一名伟大的作家。他就是萨缪尔·克莱门。他成为孤儿后，被密西西比河深深地吸引住了。满载拓荒者的小船在这条河上来来往往，船上的人们要去遥远的西部寻找可以生活的地方，那里是属于印第安人的土地，充满了奇遇。乘坐划桨的小船需要4个月的时间才能到达西部，而1816年第一艘蒸汽船出现以后，去西部只需要4天。

经过18个月的训练，萨缪尔在1856年拿到了内河航运驾驶员的执照。在大河上航行需要很强的能力，经常会有在沙滩上搁浅或触礁的危险。蒸汽船在密西西比河上航行，蒸汽驱动的螺旋桨像水磨的水轮盘一样转动，搅动着水流，磨碎了梦想。在航程中，测量水深的船员常有节奏地喊"mark twain"。这是"标尺二"的意思，说明水深约3米，一切顺利。舵手只要听到这声呼喊，航行时就会很安心，而且感觉一帆风顺。

几年后，成为作家的萨缪尔把这个神奇的词用作了自己的笔名：马克·吐温（英文词谐音）。他写的著名自传体小说《汤姆·索亚历险记》开创了美国现实主义文学的先河，举世闻名。后来，他又写了《哈克贝利·费恩历险记》，讲述了一个逃亡的奴隶和一个街头少年寻找新生活的故事。

1849淘金客

加利福尼亚州

在这段历史中，你可以是任何人，不论年轻还是老迈，健康或是患病，你可以是白种人、黑种人、黄种人。寻找金子的故事让美国加利福尼亚州的圣弗朗西斯科这座原本只有 2 万人的小镇，变成了一个 25 万人口的大城市。

这一切都开始于 1848 年，一个叫詹姆斯・马歇尔的人在约翰・萨特的锯木厂附近的河边发现了金子。萨特和马歇尔本想守住这个秘密，但是锯木厂的一个工人在镇上给人展示了满满一瓶的天然金块。消息迅速传开了，所有人都奔向了加利福尼亚州，有的人驾着马车，有的人骑着马，有的人跑过去，还有的人拄着拐杖也要往那去。听说甚至有人就算躺在担架上也要被抬过去。他们带着煎锅、汤锅、斧子、咖啡壶和小刀踏上征途，还有人在脖子上挂了一圈香肠就出发了。这些人被叫作“1849 淘金客”，因为事情发生在 1849 年。河里和地上到处都有金子。他们挖矿山，筛沙子，用盘子、漏勺和各种各样奇怪的工具，滤掉河水，筛出金子。很多人因此成了富人，也有很多人一无所获，有的人甚至遭遇抢劫被洗劫一空。1851 年，人们发现了价值 8100 万美元的金子；1900 年，又发现了 10 亿美元的金子。1898 年，就在这片土地快要被榨干的时候，所有人又奔向了阿拉斯加附近的克朗代克市。圣弗朗西斯科只留下了一些纪念，如金门海峡上的金门大桥，每到夜晚都会亮起灯，讲述着曾经在这里奋斗的人们的故事。

石油监狱

阿拉斯加州[11]

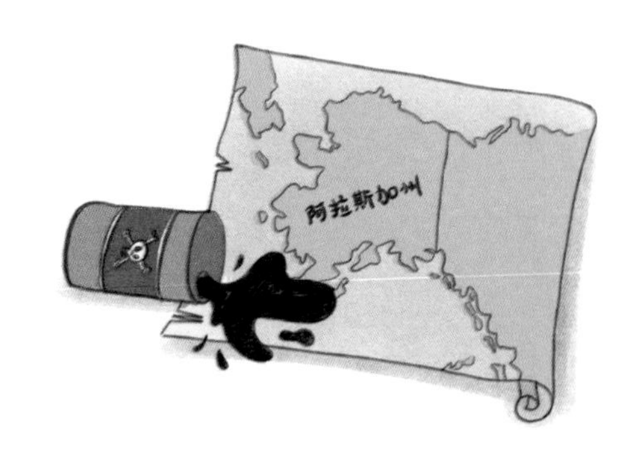

有一个地方叫阿拉斯加州，19 世纪时被沙俄以 700 多万美元的价格卖给了美国。自 1859 年起，这里成为美国的第 59 个州，在美利坚合众国的星条旗上增加了一颗星星。阿拉斯加州曾经有一个人间天堂——威廉王子湾，这是世界上唯一一个有 5 种鲑鱼共同生存的地方。每年春天它们沿着海岸向北上溯，最后消失在谜一般的旅程中。那里曾经有无数种有着美丽生动的名字的虾蟹，有能产下珍贵鱼籽的鲱鱼。生活在深海中的那些陌生的鱼类，还有鲸、海豚，都会去那里繁衍生息。那里曾经生活着海鸭、海獭和数百万只水鸟，它们停留在海岸上，忽然全部一同起飞，像一片巨大的海浪。

后来，1989 年的一天发生了一场灾难：一艘满载石油的油轮在海上泄漏了大量的石油，足足有 25 万桶。那艘油轮为了避开冰山，改变航向，却撞上了礁石。这是美国历史上泄漏量最大的油船泄漏事故。石油毒死了不知多少软体动物和小鱼小虾，还牢牢地黏在了海鸭、海豹的身上，就像给它们穿上了束身衣，更让很多鲸和海豚窒息，让小鸟的翅膀黏在一起无法飞行。整个海湾变成了一个黑色的坟墓。人类试图将大海从这片石油的覆盖中解救出来，但是燃烧石油会污染空气，用溶液去溶解石油又会使水体被毒素污染。最后，人们只好用巨大的篷布把这片泄漏的石油罩住，篷布的一边连着浮子，一边连着坠子……在这次消除石油污染的行动中，主要负责的公司雇佣了 11000 名船员，动用了 1400 艘船，85 架飞机。整个行动持续了 13 年。现在我们只能期望一切都能回到最初的样子。

被大浮冰群困住的囚徒

北极

北极的冰是不透明的，没有任何光泽。这些冰不是很厚，会碎成一块块不规则的冰片，然后互相摩擦，发出轻微的连续不断的声音。冰霜会在这些冰片上形成冰凌。你可以远远地听见巨大的冰块互相碰撞，破碎，发出巨响。这就是北极的大浮冰群，它们会用可怕的力量把船只碾压得粉碎。在 16 世纪，这样的情况就发生在了荷兰人威廉·巴伦支[12]身上。为了纪念巴伦支，那里有一片海域是以他的名字命名的。到了 19 世纪，同样的事情又发生在了美国的“珍妮特号”上。这艘船 1879 年 7 月从美国圣弗朗西斯科起航，然而，刚到 9 月就被浮冰围困住了，成了大浮冰群的囚徒。20 个月之后，“珍妮特号”被浮冰撞碎，船员用救生艇、3 艘雪橇，带着 23 条狗逃生，企图逃向西伯利亚。最后只有寥寥几名船员到达陆地。1884 年，“珍妮特号”的残骸被北极的浮冰推到了格陵兰岛。

徒步走向看不见的终点

北极

北极所在的北冰洋是一片常年被冰雪覆盖的海洋，浮冰被海水带着不停地四处游荡。北极点只是地图上标出的一个点，人们根本没法在那里插上旗子，也立不住标志物。尽管如此，很多人冒着生命危险，也要到达这个极点。其中有一个叫弗里乔夫·南森[13]的人。他在学习自然科学的时候，听说了“珍妮特号”残骸被浮冰裹挟着漂到了格陵兰岛。他觉得，可以利用浮冰将自己带到北极点，于是他组织了一次值得纪念的远征。他们造了一种可以架在浮冰上的大船，以免船被浮冰撞坏。1893年，这艘“弗雷姆号”从挪威出发了。刚开始的时候，一切都和预计的一样。后来，冬季来临，他们发现不能乘船到达北极点，就尝试步行前往目的地，却是徒劳。春天到来的时候，他们在一座小岛上靠岸了。没想到的是，这座小岛上竟然有另外一支远征队伍，正等着搭乘经过的船只回挪威。两支队伍就在那里会合了。

一块巨大的冰淇淋蛋糕

南极洲

南极洲就像一块巨大的冰淇淋蛋糕。实际上南极洲是整个世界的冰窖，因为这里有全世界90%的陆地冰。这里的冰川下面有着比阿尔卑斯山[14]还要高的山脉，还有比海平面更低的山谷。科学家说，早在人类出现在地球上之前，这里是气候温和、满眼绿色的草原。然而时至今日，这里变成了冰冷的荒原，而周围的海洋却孕育着丰富的生命，有乌贼、鲸鱼、海豹和企鹅，还有各种海鸟和浮游生物。遗憾的是，这里也被污染了，人们发现这里的冰块含有杀虫剂和核试验材料的残留物。

早在公元前6世纪，古希腊人就猜测南半球有这样一片传奇般的、未知的土地了。18世纪，负责探索太平洋的英国航海家詹姆斯·库克到达南极附近的南设得兰群岛。自那以后，全世界的人都循着他所说的航迹来到这里，他们猎杀海豹和鲸。第一个把自己国家的国旗插到南极极点的人是挪威人罗尔德·阿蒙森，时间是1911年。他去南极洲可能是因为小时候读过儒勒·凡尔纳的小说，从而产生了探险的想法。还是在1911年，英国人罗伯特·斯科特紧随其后也到达了南极。1958 年，艾德蒙·希拉里带领他的远征团队也到达了南极点。1959 年，参加国际地球物理年南极考察活动的 12 个国家共同签署了《南极条约》，这个条约自 1961 年起开始生效。条约规定，禁止在南极洲进行任何军事行动和核试验。时至 2020 年，《南极条约》有 54 个成员国。1989 年至 1990 年，意大利人莱因霍尔德·梅斯纳尔和德国人阿尔福德·福克斯没有借助任何机动工具和动物，仅利用雪橇和风力穿越了南极洲，历时 92 天，行程 2800 千米。1995 年底至 1996 年初，挪威人博格·奥斯兰德独自一人完成了穿越南极洲的壮举。

地平线不再遥远

南极洲

美国人安·班克罗夫和挪威人丽芙·阿内森都曾当过教师，虽然两人生活的地方相隔数千千米，但她们对极地的冰霜却有着同样的热情，两人最后都成了探险家。她们完成的事业，教会了孩子们要顽强地坚持实现自己的梦想。

2000年，安和丽芙踏上了历史性的旅程，她们将成为历史上最先完成徒步穿越南极洲的两位女性探险家。她们不借助雪橇犬的帮助，仅凭雪橇和风帆前行。在过去，女性是不允许加入探险团队的，一方面因为她们不如男性强壮，另一方面是她们可能会使探险队员分散注意力。后来，苏联地理学家马利亚·克烈诺娃在1956年加入了一支测绘海岸线的海洋学研究团队，从那以后，这种迷信的忌讳就不攻自破了。丽芙曾在1994年独自一人到达南极点，她只用了雪橇，没有其他任何帮助。她用50天走了1200千米。安在1986年也到达了南极点。在完成壮举的那一年，丽芙·阿内森47岁，安·班克罗夫45岁。在温度降至零下37℃时，她们仍然坚持在冰上勇往直前。她们脚下踩着的玻璃纤维雪橇，有将近 2 米长，每架重量都有 125 公斤。多亏了现代科技，或者说多亏了互联网的帮忙，她们的这次远征闻名世界，超过 300 万个孩子知道了她们的事迹，也从她们的事迹中学到了真正想要做成一件事情意味着什么，懂得了面对困难决不退缩的道理。2003 年，她们写了一本关于自己探险经历的书，书名为《地平线不再遥远》；两个人还给年龄更小的孩子写了《安和丽芙穿越南极洲》《梦想成真》等书。

山羊之岛

撒丁岛

在数百上千年的时间里，大海和风塑造了这座岛。岛上到处怪石嶙峋，有的像熊，有的像恐龙，有的像大象。这些岩石在太阳的照射下变得光滑而滚烫。这里是意大利撒丁大区的帕拉乌。在帕拉乌对面的玛达莱娜群岛中，有一个小岛叫卡普里岛，意思是山羊之岛。意大利民族解放运动的领袖朱塞佩·加里波第带着他的孩子们来到这里，过着鲁滨逊般的生活。1856年，加里波第用他的兄长费里切给他留下的遗产买下了半个卡普里岛。几年后，他的朋友们把另一半也赠予了他。他要跟一位脾气古怪的英国邻居共同生活在这里。

岛上有很多野山羊，到处毁坏他们种的庄稼。然而几年之内，加里波第就把遍布怪石的荒芜的小岛变成了一个大农场。如果你去卡普里岛，还能看见他亲手建造的房子。白色的房顶上还有大露台，很有南美洲的风格。他在那里跟他的妻子阿尼塔过着非常幸福的生活。加里波第在这里挖井、建磨坊、建烤炉、挤牛奶、剪羊毛、种果树、钓鱼、写小说，闻着岛上飘着的欧洲刺柏的清香，踩着柔软的针叶垫子。加里波第用他取得胜利的两场战争的名字给他的马起名（玛莎拉和卡拉塔菲米），用他讨厌的有权势的人的名字叫他的驴（庇护九世、弗朗切斯科·朱塞佩、路易·拿破仑）。他的孩子从小在这里长大。儿子梅诺蒂 20 岁就跟随他参加“千人远征”，跟他并肩作战；女儿特雷西塔 18 岁嫁给了一位“加里波第义勇队”队员；儿子李乔第去了英国学习；女儿阿尼缇娜去了德国学习。他还有两个孩子克蕾莉亚和曼里奥。克蕾莉亚写了《我的父亲》一书来纪念他。

季　风

风的游戏

大海和陆地之间一直在玩一个游戏——风的游戏，而这个游戏已经重复无数年了。在近海地区，白天风从海洋吹向陆地，因为太阳不停地照射，让陆地上的气温比海上的气温更高。而到了夜晚，大海会保存白天吸收的热量，所以陆地上的温度下降速度又比海上的温度下降速度快。于是风从陆地吹向大海，跑到海上去取暖，去迎接海浪，去看星星。

世界上有些地方风的游戏不止玩一天，而是持续一整年。从 5 月到 9 月，风从东南方向吹来，还带着海洋中的水汽，把云朵吹到大陆上。当风到达陆地上的时候，又把厚的云朵卸下来，让雨落下，人们欢欣雀跃，庆祝雨水的降临。风吹拂着，洗刷着，

有时也会不堪重负，给人们带来洪水。之后它去了西伯利亚的大草原。风再次回来的时候，它带着西伯利亚的寒冷空气吹过陆地，吹到海上，给自己重新加热。人们把这种风叫作季风，顾名思义，就是随着季节变化的风。

水手们会等待合适的风向起航，而合适的风到了的时候，会吹起他们的风帆，带着他们驶向远方。水手们回家的时候也要等待季风，等待它再次鼓起他们的风帆，把他们带回家。

每年夏天，如果季风到的时间晚了些，所有人都要小心了，小草会枯萎，城市会变得尘土飞扬。大人和小孩，奶牛和大象，都会跑去游泳。别担心，风儿只是休息一下，等到了冬天，又会吹起来……而这风的循环又会重新开始。

一次握手

路易斯安那州

历史上最大的生意之一，是由美国第三任总统托马斯·杰斐逊在 1803 年完成的。他只用了 1500 万美金，就从拿破仑（法国皇帝）手中买下了整个谷地，范围从密西西比河一直延伸到落基山脉。这片区域就是路易斯安那领地，为了纪念法国国王路易十四而得名。这片区域当时比现在的路易斯安那州还要大得多。没有人知道这里藏着什么，就连把这块地卖掉的法国人也不清楚。以往没有任何人给这块土地画过地图，也没有什么地形图，直到杰斐逊派出一支远征队探索这块土地。远征队由

梅里韦瑟·刘易斯上尉和威廉姆·克拉克中尉指挥。出发时，远征队总共有 32 个人，他们平安顺利地到达目的地，又安然无恙地返回。他们沿着密西西比河向上游走去，在北达科他州的土著曼丹人那里过冬。他们跟土著和平相处，给他们遇到的每一个部落送出和平徽章，上面刻着两只握在一起的手，象征着和平和友谊的握手。另外，他们还带着象征和平的向导——一个皮毛猎人。他的妻子是土著肖松尼族人，她是远征队里的翻译。远征队里还有一个黑人，他是克拉克中尉的奴隶，在返回途中被他的主人释放了。

远征队在 1804 年出发，1805 年 9 月到达了太平洋海岸的哥伦比亚河出海口。在那里度过冬天后，在春天踏上返回的行程，并于 1806 年到达圣路易斯。可惜的是，他们跟印第安人建立的友谊并没有维持很长时间。

极地远征

西北方向的路线

在挪威，曾经有一位帆船建造师的儿子想要成为一名医生，后来却为了在捕鲸船上工作放弃了自己的学业，梦想成为一名极地探险家，他就是罗尔德·阿蒙森。他听说另一个挪威人南森想利用浮冰漂流到达北极，于是就向南森提出了一份自己的计划。探险家们一直认为北美大陆以北有一条连接欧亚的航道，但从未有一艘船能够完成航程。阿蒙森决定挑战这条困扰航海家达300年之久的西北航线。南森给阿蒙森提供了一定的资助，阿蒙森便带着6个同伴从奥斯陆峡湾出发。1906年，阿蒙森耗时3年终于抵达阿拉斯加州，成为第一个乘船通过整条西北航线的探险家。征服北极是阿蒙森的下一个梦想，然而，1909年美国探险家罗伯特·皮里徒步到达了北极点。于是，阿蒙森将目标改为征服南极。阿蒙森直接朝着从未有人到达过的南极点出发了。他驾驶着“前进号”秘密地向南极而去，并成为第一个到达那里的人。

阿蒙森还想从空中到达北极。他和探险队于1925年乘坐两架水上飞机冒险远征。飞机在北纬 88 度被迫在冰上着陆，这次探险失败了。之后，他又重新出发，却又再次失败。直到 1926 年 5 月 12 日，他乘坐翁贝托 · 诺毕尔驾驶的飞艇“挪威号”到达了北极上空。跟他一起踏上旅程并到达北极的有美国赞助商林肯 · 埃尔斯沃斯，还有 5 位意大利机械师和 8 名挪威水手。1928 年，诺毕尔在乘坐“意大利号”进行第二次北极远征的途中发生了意外，阿蒙森参加了那次救援行动。但是，当诺毕尔安全获救的时候，阿蒙森却永远地消失在了冰盖下面，尸体也没有找到。1969 年米哈伊尔·卡拉托佐夫拍摄的电影《红帐篷》中，回顾了这次营救诺毕尔的行动中发生的悲剧。电影中，肖恩 · 康纳利饰演了阿蒙森。

望向远方

阿富汗

布鲁斯·查特文是一个才华横溢的英国年轻人，他是著名拍卖行苏富比的艺术专家。在他 26 岁那年，他决定放弃原有的美满生活，辞职到遥远的阿富汗去。这是为什么呢?

原来，他的视力开始下降，眼科医生明确地告诉他：“如果你不停止现在这份需要非常近距离观察的工作，你会失明的。你的眼睛需要开阔的空间，需要望向远方，视力才有可能恢复。”但这并不是一种确切的治疗手段，只是一种猜测。据说 11 世纪时，有位年迈的修女，她是本笃教会的修道院长，同时也是伟大的医生，她的修道院里有一些抄写员负责抄写带袖珍图画的书籍。为保护这些抄写员的视力，这位修道院长强迫这些抄写员每天去修道院周围的田野里散步两小时，并向远处瞭望。查特文被医生的话吓坏了，因为眼睛就是他的生命，所以他决定不惜一切代价治疗眼疾，即使让他突然放弃拥有的一切，从头开始，也在所不惜。

当时查特文在爱丁堡大学研究考古学，他从周围的老朋友那里知道了有一个考古团队正准备前往阿富汗。一位耶稣会会长觉得他是一个理想的同伴，就把他纳入了考古团队，让他担任摄影师。阿富汗离他们非常遥远，在亚洲，处在伊朗、中国和巴基斯坦中间。欧洲从未有人了解阿富汗。当时，阿富汗是个非常和平的伊斯兰国家。那里是亚洲的十字路口，亚历山大大帝和成吉思汗都曾把各自的帝国版图拓展到那里。出发后，查特文呼吸到了不同的空气，看到了遥远的地平线，他拍摄照片，记录笔记……旅途即将结束的时候，他的视力恢复了。是不是很难以置信？那个女修道院长的做法是有道理的。孩子们，你们要记住，你们盯着手机的时间太长了，要时不时地抬起头，向远处看看。当查特文的视力恢复后，他的妻子问他是否会回家，得到的答案是否定的。布鲁斯·查特文再也无法回到从前的生活了。现在他已经无法离开广阔的天地了，而伦敦也没有清新的空气……他又向着南美洲的巴塔哥尼亚[15]——人称世上最后的狂野之地——出发了。但这是另外一个故事了。

雷 龙 皮

巴塔哥尼亚

第二次世界大战后，一群英国年轻人想要在地图上找到一个可以躲避核弹的地方。他们用游戏的方式选择了巴塔哥尼亚，而他们中间有个人有一天真的去了那里。然而，他并不是为了躲避核弹攻击，而是为了去寻找他奶奶的表哥查理船长，因为船长几年前在那一带的海上出了事故……也正是那次事故，让查理船长在一块巨大的冰块里面发现了一只史前巨兽——雷龙。

查理船长给他的表妹，也就是那位年轻人的奶奶写信，说他已经把雷龙切碎，并且全部寄给了大英博物馆。但是在包裹寄往英国的途中，这些碎块腐烂变质了，然后大英博物馆的人把这些雷龙的碎块全都扔进了垃圾桶，只留了几块骨头。好在查理把一小片皮肤碎块寄给了年轻人的奶奶，而奶奶的小孙子也就是那位年轻人，梦想着有一天能够继承这块皮肤碎块，因为在他小时候奶奶就答应把这块碎片给他。但是奶奶过世的时候，这个年轻人的妈妈把那片恶心的东西扔掉了。他长大以后，如果不是碰巧作为摄影师加入了考古队，进而成为随队记者，可能永远都不会到巴塔哥尼亚看看这只雷龙是否还有什么碎片或者残骸留在那里。最后，他真的去了巴塔哥尼亚。可是他到了那里以后才发现，奶奶跟他讲的都是编出来的谎言。实际上寄到大英博物馆的雷龙并没有腐烂变质，因为奶奶的表哥只发现了几块骨头、几片皮肤。而那几片皮肤也不是雷龙的皮肤，而是一种长着长牙的剑齿虎的皮肤。那个年轻人就是布鲁斯·查特文，这个故事被收录到了他写的《巴塔哥尼亚高原上》一书中。该书是查特文最负盛名的代表作，包含了 97 个令人耳目一新的旅行故事。

倒立的国家

澳大利亚

当你准备睡觉的时候，地球另一边的孩子也许正准备去上学，比如澳大利亚的孩子。澳大利亚被英国人称为“大头朝下”的国家，因为在英国人看来，澳大利亚在地球上所处的地区正好和他们相对，或者说是在他们“脚下”的地方。不过澳大利亚的人们却发誓说他们根本不是头朝下的，如果你要去那里的话，你也可以验证一下。如果你是一个生活在澳大利亚的孩子，可能会遇到五年都不下雨的情况，因为那是一片世界上最为干燥的土地。澳大利亚的内陆地区被有些人称作“虚无之地”，或者“纳拉伯[16]”，还有些人把那里叫作“永远不会到达的地方”。你如果生活在那里，可以在家里上学，因为老师会通过网络进行教学。每到学期末老师才会到你家与你见面。老师会开着飞机，一个农场接着一个农场去拜

访，亲自去认识他的每个学生。之所以会这样，是因为那里地广人稀，地方与地方的距离都很远。那片土地如此广阔，以至于除了空中教师，还有空中医生、空中护士、空中医院，甚至空中牛仔，他们不是骑着马追赶畜群，而是开着飞机在空中放牧。而牧羊人则骑着小摩托，后座上带着狗，在羊群后面跑来跑去。

在创作中探险

巴黎

19 世纪，一个贫穷的年轻人来到了巴黎。当时的他生活非常困窘，当外面下起雨，天寒地冻，他连进小咖啡馆里躲一下雨的钱都没有。这个年轻人就是儒勒·凡尔纳。虽然没钱进咖啡馆，但凡尔纳可以去暖和而又不用花一分钱的图书馆。那里有成百上千的书，可以让他忘掉正在经历的困窘的生活。他把所有的小说都看完了，又开始翻看科学书籍。正是在那个法国图书馆的偏僻的角落里，他找到了一些有趣的书，从而发现了世界的迷人之处。通过这些书，他可以去探访那些遥远的国家，领略那些令人惊奇的发明，认识科技的力量。

后来，凡尔纳得到命运的眷顾，继承了一笔遗产，结了婚，变得富有起来。他在银行工作，成为一名优秀的证券经纪人，工作就是买卖货币。然而，他却时常怀念在图书馆的书架旁“畅游”世界的日子。利文斯顿可以去探索非洲，斯坦利可以去寻找在非洲失踪的利文斯顿，而凡尔纳却只能待在巴黎，他心里在哭泣，因为他不能放弃眼前这一切去探险。他小的时候就跟爸爸发誓要去探险。有一次他从家里逃出去以后，已经跑到船上了，结果还是被抓了回去。他就只好寄望用自己的幻想去旅行。为了安慰自己，他从一个摄影师朋友的故事中得到启发，创作了非洲探险的故事——《气球上的五星期》。这是一次乘坐热气球完成的非比寻常的旅行。然而没有出版商愿意出版这个故事。有一天，凡尔纳像个小孩子一样在楼梯栏杆上滑滑梯，不小心撞到了一个改变了他的命运的人。这个人就是著名作家亚历山大·仲马（大仲马）。幸亏遇见了大仲马，凡尔纳才没有抛下自己的生计去旅行，而是选择在创作的故事中冒险。那年，一位出版商出 2000 法郎，买下了他的两部小说。在那个年代，这已经是个非常可观的数字了。凡尔纳写的小说获得了巨大成功，时至今日依然畅销，而且书店和图书馆也到处都是他写的书。

地上之城与地下之城
巴黎

扎姬[17]是一部小说的主人公，这部小说是写给成年人看的。扎姬梦想去巴黎看地铁。地铁就是在地下运行的列车。在大城市里，地铁可以缓解地面交通拥堵的情况。巴黎的地铁非常著名，因为这是全世界历史最悠久的地铁网络之一。巴黎的最早的地铁是 1900 年建造的。在巴黎的任何一个角落，半径 500 米之内一定会有一个地铁站。扎姬到巴黎的时候，刚好赶上了地铁公司罢工，所以只能在地面上的街道转转，而她对这些街道并不感兴趣。

地面上的街道十分宽阔，因为拿破仑三世[18]曾经想要通过修建宽阔街道的方式防止巴黎市民在路上设置路障，爆发革命；同时，这些宽阔的道路也能让那些抢劫犯无处可逃，因为比起在那些蜿蜒狭窄的小路上抓他们，在宽阔的道路上要容易得多。

先把扎姬放在一边，我们去欣赏一下巴黎的地下之城吧。你不用担心在地铁里迷路，因为里面有很多画着巴黎地图的指示牌，上面还标出了所有的地铁线路，只要按下你所处的位置的按钮和你要去的地方的按钮，经过的路线就会亮起来，就像家门口白色鹅卵石铺成的小路一样。

要是你想去见扎姬，那你就必须学会法语。然后，在12时17分，准时乘坐S线公交。再在车上找一个因为坐下前被狠狠推了几下而哭泣的男孩，他会带你去见雷蒙·格诺。格诺认识扎姬，因为扎姬的故事是他编出来的。他讲的并不是真实发生的故事。

然而，如果格诺给你讲了哭鼻子男孩的故事，给你讲他的乘车路线时，你就得稍微多点耐心了，因为他会用99种不同的方式给你讲同一个故事。他认为他这是在做风格练习[19]。在那个年代，大人看的书都非常奇怪，比儿童读物奇怪得多。

廷塔哲之龙

大不列颠（一般指英国）

这里曾被叫作“亚路比奥”，传说中，巨人居住在这里。以前，这里只是北方一个很大的岛屿，公元43年成为罗马帝国的一个省。后来，一位叫布鲁托的总督为纪念声名显赫的祖先，将这座岛屿改名为布列塔尼亚（一般指大不列颠岛）。罗马人离开这座岛的时候，他的后代康斯坦丁二世坐上了王位。康斯坦丁二世有三个儿子，分别是克斯坦特、奥雷里奥和尤瑟。康斯坦丁二世死后，王位传给了大儿子克斯坦特。但是王子韦帝哲杀了克斯坦特，自己当了国王，从那以后，这座岛笼罩在战乱的阴霾之下，士兵到处劫掠，毁坏了岛上的一切。当时，奥雷里奥在很远的地方，而尤瑟还是个孩子，因此，韦帝哲觉得自己很安全。但是有预言说，只有用一个7岁孩子的鲜血涂满他的城堡的墙壁，他才能躲过死亡的劫难。预言中说的城堡就是廷塔哲城堡[20]，在康沃尔郡。韦帝哲的士兵在附近找到了一个7岁的孩子，名叫梅林，他没有爸爸，是一个落魄的公主的儿子。当梅林见到韦帝哲的时候，与他畅谈了一番，并跟他说了另一个预言。梅林说，在城堡的地窖里面有一眼泉水，还说地下湖旁边的群龙将有一场搏斗，而红龙终将取胜，这对于布列塔尼亚来说是个好兆头。

传说在廷塔哲城堡下面真的有一眼泉水，红龙也最终取胜，梅林因此救了自己的命（后来成为传说中的巫师）。但是韦帝哲却被绑在石柱上烧死了，而给他行刑的正是奥雷里奥和尤瑟。两兄弟终于报了仇。

阿尔纳·萨克努塞姆的地图

斯特龙博利火山[21]

如果有人邀请你去地下深处旅行，你会在行李里面装些什么？奥托·李登布洛克就在1863年完成了这样一次旅行。同行的还有他的侄子阿克塞尔、一名向导和三个搬运工。他们带了一个温度计，用来测量气温；一个气压计，用来测量大气压；一个精密计时器，按照汉堡（他所在的城市）的时间调整了时刻；还有两个罗盘，一个望远镜，两个原始的手电筒，两支卡宾枪，以及登山用具（破冰斧、绳索、钉子），食物，8天用量的饮用水，两个急救箱，最后是烟草。

很显然，奥托是有一幅地图的，那是他在一本16世纪手写的古籍中找到的。古籍中，一位著名的炼金术士阿尔纳·萨克努塞姆说他亲自完成了地心旅行，并且用密文指出了地心旅行的入口。密文是用古代一种北欧文字写成的。通往地心的大门在冰岛的斯奈菲尔火山[22]口，探险队要从那里进入。在这次迷人而又恐怖的旅途中，这些勇士们逐渐弄丢了所有装备。他们进入了一个光怪陆离的世界，看到了地下的湖泊、沸腾的温泉，变成了化石的骨架和巨型蘑菇。他们甚至还发现了一处在真空中保存完好的史前景象——生动而又让人担心——里面有一个身材高大的人类祖先正在柏树林中放牧柱牙象。最后，在经历了各种让人心惊胆战的磨难之后，地球把他们从地中海一个小岛上的火山中喷了出来。这座小岛叫作斯特龙博利。在古希腊神话中，风神埃俄罗斯就是在这里束缚着各种风。

上面这个故事是儒勒·凡尔纳在他的小说《地心游记》中讲述的。这本小说在 1864 年出版。

失落的城市

特洛伊

在德国有一个小孩，名叫海因里希·施里曼。他有一本书，一直放在枕头下面，读了又读，这本书就是荷马的《伊利亚特》。《伊利亚特》讲述了特洛伊的覆灭，讲述了众神、众英雄的战斗。可是，人们说从来没有荷马这么一个人，连特洛伊也从未存在过，但是海因里希却一直梦想着去寻找特洛伊。

海因里希 14 岁的时候，在一家食品杂货铺做工，后来又当了见习水手，因为遇到海难，到了荷兰，他在那里当一个文书。他在一年之中学会了 6 种语言。后来有家探险公司让他去俄罗斯做公司代表。一切都很顺利。于是他开始自己攒钱，慢慢变得富有。他在 40 岁的时候，变卖了自己拥有的一切，开始了他一直梦想的探险远征，去寻找失落的城市特洛伊。《伊利亚特》的内容他早已熟记于心，他按照书中的指示，在荷马所说的地方一直挖，一直挖，最后真的找到了很多很多年前被希腊人烧毁的特洛伊的遗址。

白色的群山

多洛米蒂山[23]

很久以前，在阿尔卑斯山上，一个国王的儿子在梦中爱上了月亮女神。这位王子想要追寻月亮女神，但是月亮是无法到达的。一天晚上，他隐约听到从山上传来了一些声音。山峰被云雾笼罩，而他听到的声音又藏在那云雾中。他继续向前走，却好像撞到了什么。原来是山上的一扇门打开了，里面有两个来自月亮上的人，还有一条通往月球的小路。他跟着那两个人进去了，然后跟他梦中的月亮女神结了婚。可是月亮上的一切都是那么白，那么亮，亮到可能会让人失明。王子无奈之下只好回家。他的新娘也想跟他一起回家，可是在大地上，新娘会因为缺少光明而死。因此，新娘回到了月亮上，而王子只能留在大地上。有一天，受王子保护的森林矮人用月光纺线织了一张大网，罩在山上，山峰之上便有了如月光般的亮白景象。这样一来，新娘就能回来了，还带了一束月亮花，种在山上的草地上。那座山就是意大利的多洛米蒂山，那些小花就是雪绒花。雪绒花很娇嫩，容易枯死，所以不能去摘。

众神之山

希腊

希腊最高的山峰虽然只有 2917 米，但却难以到达，因为这座山常年被云雾笼罩，被积雪覆盖。这座山就是奥林匹斯山。古希腊人认为众神居住在这座山上，是他们打败了神秘而又令人恐惧的黑暗力量，并将真理带到人间。众神长得跟人很像，甚至还有很多缺点，但他们却是永生不死的。众神之父宙斯征服了天空，统治着奥林匹斯山。他坐在王座上，手拿一道弯弯曲曲名叫霹雳的闪电。奥林匹克运动会就是为了向宙斯致敬而举办的。宙斯的妻子叫赫拉，然而宙斯的大部分子女都不是她生的。人们说，只有阿瑞斯和赫菲斯托斯是她亲生的。阿瑞斯生而可憎，赫菲斯托斯是个瘸子。宙斯最宠爱的女儿是雅典娜。因为雅典娜是从宙斯的头里诞生的，所以她就成了智慧女神。古希腊人民在雅典卫城为她建造了被誉为“世界奇迹”的帕特农神庙[24]。阿波罗是光明之神。阿尔忒弥斯是他的孪生姐姐，是月亮女神、狩猎女神。赫尔墨斯是众神信使，脚上长着翅膀。阿瑞斯是战争之神，孔武有力、凶狠残暴。瘸子赫菲斯托斯是火神、锻造与砌石之神，他教会了人类如何使用金属。阿芙洛狄特是美丽女神，却被迫嫁给赫菲斯托斯，所以生活得很不开心，也因为这样，她才被封为相爱之人的保护神。海神波塞冬是宙斯的哥哥，他失去了天空，只好去统治大海，经常为了报仇而激起风暴。得墨忒耳是宙斯的姐姐，是农业女神。哈得斯是冥王，掌管阴间。半人半羊的潘神是森林、田野、畜群与放牧之神，会吹竹笛。狄奥尼索斯是酒神。阿斯克勒庇俄斯是药神。最后，三个年迈的女神掌管着我们的生命线和命运。

献给神灵的蓝色画笔

珠穆朗玛峰

有座非常非常高的山脉，那里的山峰巍峨耸立，终年积雪，全世界没有任何一座山峰比它更高，它就是喜马拉雅山。这个名字的意思是“雪之故乡”。珠穆朗玛峰是喜马拉雅山脉的最高峰，高 8848.86 米。珠穆朗玛的意思是“大地圣母”。然而，直到 1851 年，乔治·埃弗里斯特爵士组建的孟加拉地形学办公室，耗时几个月测量到它的数据后，人们这才知道这里是世界的最高点。1921 年，英国人第一次尝试攀登珠穆朗玛峰，但是在长途跋涉后，他们只到达了珠穆朗玛峰的岩石基座部分。随后攀登珠峰的人也没能越过海拔 8600 米，因为在这个高度以上他们根本无法呼吸，只能无功而返。随着高度的升高，大气压会越来越小，空气也会越来越稀薄。而为了捕捉空气中的氧气，血液中的红细胞会大量增加，血液变得黏稠，血液循环也受到影响。人会开始咳嗽、嗜睡，即使停在原地不动，也会陷入困境。

1953 年，两位登山者终于成功登顶，他们是 34 岁的新西兰人埃德蒙·希拉里和 39 岁的尼泊尔夏尔巴人丹增·诺尔盖。丹

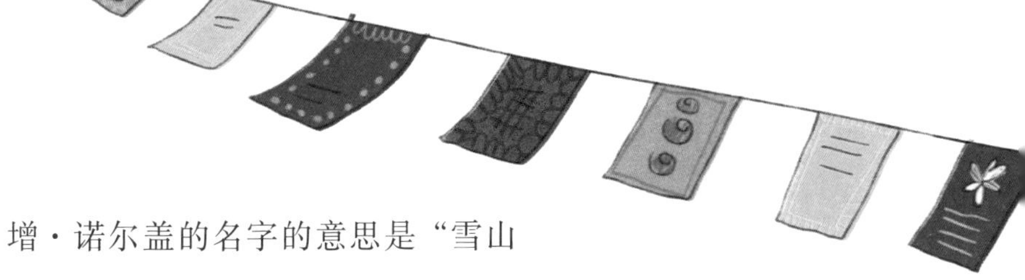

增·诺尔盖的名字的意思是“雪山之虎”。诺尔盖多次在登山队中帮助队员搬运行李，对于搬运工来说，在海拔 7000 米以上搬运东西，一定得像老虎一样强壮。5 月 28 日，他们两个人在珠峰下海拔 8754 米的地方扎营过夜。第二天清晨，他们爬过最后一段，11 时 30 分成功登顶。希拉里拍照的时候，丹增在向神灵献祭，他拿出了饼干、糖果，还有他的小女儿尼玛给他的一小截蓝色的画笔。

神秘的黄金国

马丘比丘

在16世纪的欧洲，流传着这样一个传说：在今天南美洲秘鲁的所在地，有一个神秘的黄金国。黄金国里的黄金就像砂石一样普通，顺着山溪一块块地滚下来；那里的皇宫和神殿都铺着一层层的金片。他们的领土从厄瓜多尔绵延至智利，他们的皇帝被称为“印加”，他被认为是太阳的儿子。这个黄金国便是印加帝国。

有一天，西班牙国王派了一个叫皮萨罗的人去传说中的印加帝国寻找金子。皮萨罗来到印加后屠杀了当地居民，侵占了印加帝国。他听说有一群女孩被称作太阳神的妻子，她们用羊驼毛专门为皇室织布。但是他最终也没有找到这群姑娘。而400年后，一个叫海勒姆·宾厄姆的美国考古学家走遍安第斯山脉，找到了一片墓地，里面有太阳神妻子的遗骸，还有一座失落的城市，名叫马丘比丘，意思是“古老的山”。

这座城市建在一座高2000多米的山脊上，城市一侧的悬崖下面是500米深的山谷和奔腾咆哮的乌鲁班巴河。沿着悬崖上凿出的一条小路，穿过方形大门，爬上 100 级台阶，就进入了这个城市。印加人没有带轮子的交通工具，没有铁器，没有文字，他们用结绳来记事。他们的建筑构造都很简单，全用巨石建成。他们没有使用石灰浆，仅仅靠精湛的石头打磨技术建起了一座又一座的房屋、庙宇。中心广场上至今还保留着拴日石，他们通过石柱的影子来判断日期和时间等。每年冬至太阳节时，为祈祷太阳重新回来，他们会象征性地把太阳“拴”在这块巨石上。所有人都要献祭、祈祷，然后一直狂欢到凌晨。

马丘比丘被誉为秘鲁的“庞贝古城”，1983 年被联合国教科文组织列入“世界文化和自然双重遗产”。

观察星辰

迁徙

人类用了很多很多年去探索地球是什么样子，辨别航向，认识大海和海岸。然而，在我们的星球上，有些生物对这些事物一直都了然于胸，比如小鸟。可能是因为它们飞得很快，而人类直到发明了发动机以后，才能像它们一样飞；可能是因为它们可以居高临下地看东西；也可能是因为它们有一种神秘的直觉。随着季节的变换，它们从寒冷的地方飞向温暖的地方，也不会遇到任何问题。

每种动物都有它们独特的旅行路线，比如燕子在欧洲过夏天，在南非过冬天，迁移行程约为 9600 千米。金鸻鸟会从北半球最北端飞到拉丁美

洲最南端，行程约为14000千米。棕胸铜色蜂鸟喜欢在美国佛罗里达州过冬，在加拿大度夏，行程超过2400千米。燕鸥的飞行行程更长，达35400千米。从北极地区到南极地区，它们几乎整晚都在飞行，靠着星星导航。如果天空乌云密布，它们会迷失方向。等到天空放晴，它们又会重新找回行进方向。几乎所有鸟类都可以每天飞行800千米。飞行速度最快的是燕子，每小时可以飞行160千米。它们在空中停留的时间最长，甚至可以边飞行边睡觉而不会掉下来。它们飞行的高度在1000米以上。这种南北迁移被称作迁徙。今天我们也可以把这个词用在人类身上。不过对于人类来说，迁徙与气候变化就没有什么关系了。

希帕克斯星图

天空

希腊天文学家希帕克斯是第一个绘制星图的人。他根据每个星体的纬度（与赤道南北相隔的角距）和经度在纸上绘制出了 1000 多颗恒星的位置，并且根据地球上看到的恒星亮度编制了辨别恒星的体系。他在星图上是用星的大小表示亮度的。1500 多年后，人们发明了望远镜和天文望远镜，还有人在希帕克斯的基础上绘制了新的星图，他们是伽利略、哥白尼[25]、牛顿。时至今日，我们生活的年代又出现了另一个“希帕克斯”，或者也可以叫它依巴谷（希腊语，也就是依巴谷高清视差测量卫星。为了纪念希帕克斯，人们用他的希腊语名字依巴谷命名这颗卫星）。依巴谷卫星高 4 米，有两个望远镜用千分之二毫角秒的精度观测超过 10 万颗星星。这已经是一个极高的精度了。现在这颗卫星已经记录下了 100 多万颗恒星。1997 年发布了它记录下来的《千禧年星图》。这个项目由一家法国公司和一家意大利公司共同完成。项目结果在 2007 年被剑桥大学天文研究所证明完全正确。

望向金牛座星系

毕宿五

太空中不仅有恒星和行星、脉冲星和黑洞，还有人造卫星和空间探测器。这些人造卫星和空间探测器在太空拍摄照片，然后传回地球，让我们能够看到月球的另一面，看到火星表面的样子，还有金星、木星以及地球所属的太阳系内的其他行星。1972 年 3 月 3 日发射的先驱者 10 号探测器向地球以外的空间发出了第一条信息，经过木星附近的时候，向地球传回了一些信息，然后，借助木星的巨大引力，利用从行星近旁飞掠产生的引力弹弓效应加速，向下一个目的地出发。

按计划先驱者 10 号应该朝着金牛座星系最重要的一颗恒星毕宿五前进。它带着一块镀金铝板，铝板上刻录着有关我们人类的信息：一名男性及一名女性的图像，以及太阳与地球在银河系里的位置等信息。

都是望远镜的错

比萨

望远镜是用来看清远处的东西的，可以将远处的东西放大，感觉上离我们更近一些。没人知道是谁发明了望远镜。有人说是一个意大利人发明的，但是作为证明文件的专利书上面说，设想是这个意大利人的，但真正付诸实践的是一个荷兰人。

起初，可能人们只是喜欢用这种方式做游戏，人们喜欢透过窗户向广场上眺望，在聚集的人群中找朋友。伽利略很喜欢这种游戏，他还从这个游戏里获得了一些启发。他把一个望远镜当成了玩具，对它进行改造，把可以将物体放大 3 倍的望远镜改造成了可以放大 30 倍的。用这个改造后的望远镜向天空中望去，他发现了月亮上也有群山，木星周围有 4 颗卫星。这是 1610 年 1 月 7 日，他在帕多瓦大学教书的时候发现的。到帕多瓦大学之前，因为某些不愉快的经历，他离开了比萨大学，离开了他出生的比萨市；而在他有了这个发现之后，比萨大学向他许下承诺，让他重回比萨大学。回到比萨大学之后，伽利略白天上课，晚上去研究天空。最后他发现，波兰天文学家尼古

拉·哥白尼说的是有道理的，地球并不是宇宙的中心，而是在绕着太阳转。今天，所有人都知道伽利略的发现是正确的，然而在那个年代，人们却并不这样认为。后来伽利略因其言论有悖于宗教信仰，被宗教法庭软禁在宗教裁判所的监狱里。伽利略 1642 年去世的时候 78 岁，已经快变成盲人了。第二年，牛顿出生了。后来牛顿又对望远镜进行改进，创造了天文望远镜的始祖，能够将远处的物体放大 10 亿倍。

未来已来

阿雷西博射电望远镜

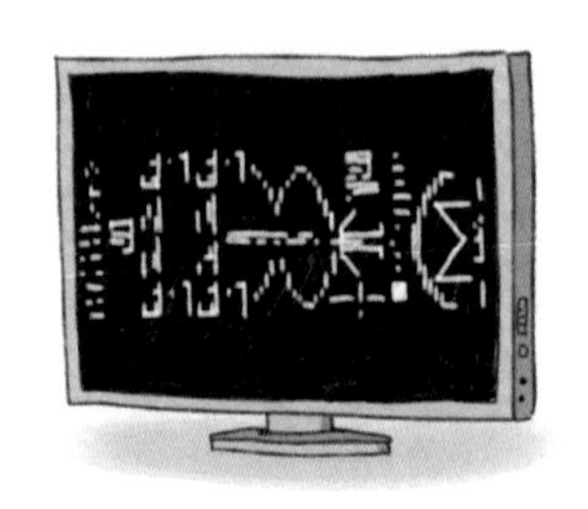

在安的列斯群岛附近的海域，南北美洲相接的地方，坐落着波多黎各岛。这座小岛之所以出名，是因为1972年的时候，这里发出了第一条给地外文明的信息。这可不是科幻小说的情节，而是真实发生的事情。而且，在波多黎各岛上的阿雷西博望远镜，还有一个“大耳朵”，随时准备捕捉来自地球以外的空间的回复——说不定哪一天就会收到呢。阿雷西博天文望远镜曾是世界上最大的射电望远镜，上面有一个巨大的抛物面反射镜，直径有305米（后扩建为350米），能够放大任何来自外太空的信号。这个项目是在1960年代启动的，耗资8500万美元，2020年遭到严重破坏。这架射电天文望远镜需要加利福尼亚州戈德斯通高64米的天线，和澳大利亚堪培拉的射电望远镜协助工作。

为了自动选取第一条智能信息中能够代表地球全部信息的内容，科学家们应用了一款新的功能非常强大的电子计算机系统。科学家们选择了一个特殊的收听波段，这个波段不受干扰，没有磁场影响，没有背景噪声。1972 年从地球发出的第一条信息正是在这个波段上传递的，信息的内容是“这里是地球，请回答”。监听的天体是从组成银河系的约 4000 亿个恒星中选取的 800 颗恒星（其实，仅在我们的仪器能够观测到的那部分宇宙中就有 100 多亿个星系），这些星系跟我们的太阳系非常相似，所以，在这些星系里，可能存在适合生命活动的行星。

现在，不管你们信不信，我们已经捕捉到一条回复信息了。2014 年 7 月，阿雷西博的天文学家收到了一个非常神秘的无线电波，那是从我们的星系之外，距离我们几百万光年的地方发送的。但是想要破解这条电波中的内容，还要再等等。

奥兹玛计划

天仓五

奥兹玛是奥兹国的女王。有一天，一个名叫多萝茜的美国女孩来到了这里，她被一阵龙卷风从跟叔叔一同生活的堪萨斯州吹到了奥兹国。这是弗兰克·鲍姆的小说《绿野仙踪》里面的情节。然而我们要讲的并不是多萝茜的故事，而是一个叫弗朗西斯·德雷克的男孩的故事。他在小的时候读了《绿野仙踪》这本书，长大以后成为了一名天文学家，在美国弗吉尼亚州的格林－班克天文台工作。1960 年呈现在国际科学界面前的一个项目被他命名为“奥兹玛计划”。提出这项计划的目的是收听所有来自其他世界的其他文明发出的无线电信号。这个项目将注意力主要集中在两个跟我们太阳系相似的星系上，一个是天仓五（鲸鱼座），一个是天苑四（波江座），距离我们的地球大约 10000 光年。格林－班克的接收天线收听了 4 个月却没有任何结果。

10 年后，美国和苏联又有一些人开启了 SETI 计划（即搜寻地外文明计划），但是当时使用的设备的灵敏度还不够高，分析可能的传输频段的速度也太慢。

但是，由卡尔·萨根构想，德雷克指导的SETI学院启动了。这是一个非营利性的私人科学组织，总部位于加利福尼亚州。萨根不仅是天文学家和科普专家，还是一个科幻小说家。他把这些经历写进了一本小说中，后来这本小说还被改编成了热门电影《超时空接触》，导演是罗伯特·泽米吉斯。在这部电影里，朱迪·福斯特饰演了一个年轻的女天文学家。

我们为和平而来

月球

人们曾经幻想到月球上去，而且编了很多不可能发生的故事。但是有一天，有人从地球上搭乘航天器升空，真的到了月球上，还从月球上通过电视直播发回了他的问候。这件事发生在 1969 年。登月的宇航员是 3 个 39 岁的美国人：尼尔 · 阿姆斯特朗，一位家中有 3 个孩子的工程师；巴兹 · 奥尔德林，一位太空航空学学者；迈克尔 · 柯林斯，一位美国空军飞行员。他们乘坐阿波罗 11 号航天飞船，于 1969 年 7 月 6 日 13 时 32 分从美国佛罗里达州的肯尼迪角发射升空，在驻留轨道[26]停留了 1 个多小时（飞船在这条轨道上的运行速度是 28000 千米 / 小时），然后又以 39200 千米 / 小时的速度再次点火出发。

飞船由三部分组成：指挥舱哥伦比亚号，乘坐 3 名宇航员；服务舱，提供推进动力；鹰号登月舱。鹰号登月舱和哥伦比亚号指挥舱绕月运行，向地球发回了月球背面的照片（我们在地球上只能看到月球的一个面，而且永远是那一个面），随后分离。阿姆斯特朗和奥尔德林去鹰号登月舱，柯林斯留在哥伦比亚号指挥舱里。鹰号登月舱于7月20日20时17分在月球上的宁静海着陆（海其实只是一种说法，里面并没有水）。7月21日2时56分，阿姆斯特朗走下飞船（左脚首先踏上月球地面），奥尔德林紧随其后（跳下飞船，双脚同时着地）。他们收集了一些岩石和尘土样本，并在月球上插上了美国国旗和一块牌子，牌子上画着地球的东西两个半球，并附一条信息："1969年7月，来自地球的人类第一次踏上月球。我们为全人类的和平而来。"随后是3位宇航员的签名和美国总统的签名。他们还留下了一个光盘，上面是天主教教皇和地球上几乎所有国家元首的信息，以及所有国家的国旗，还有为这个项目付出了努力的400名工作者的签名，在先前的尝试中牺牲的5名宇航员（3位美国人，2位俄罗斯人）的勋章。

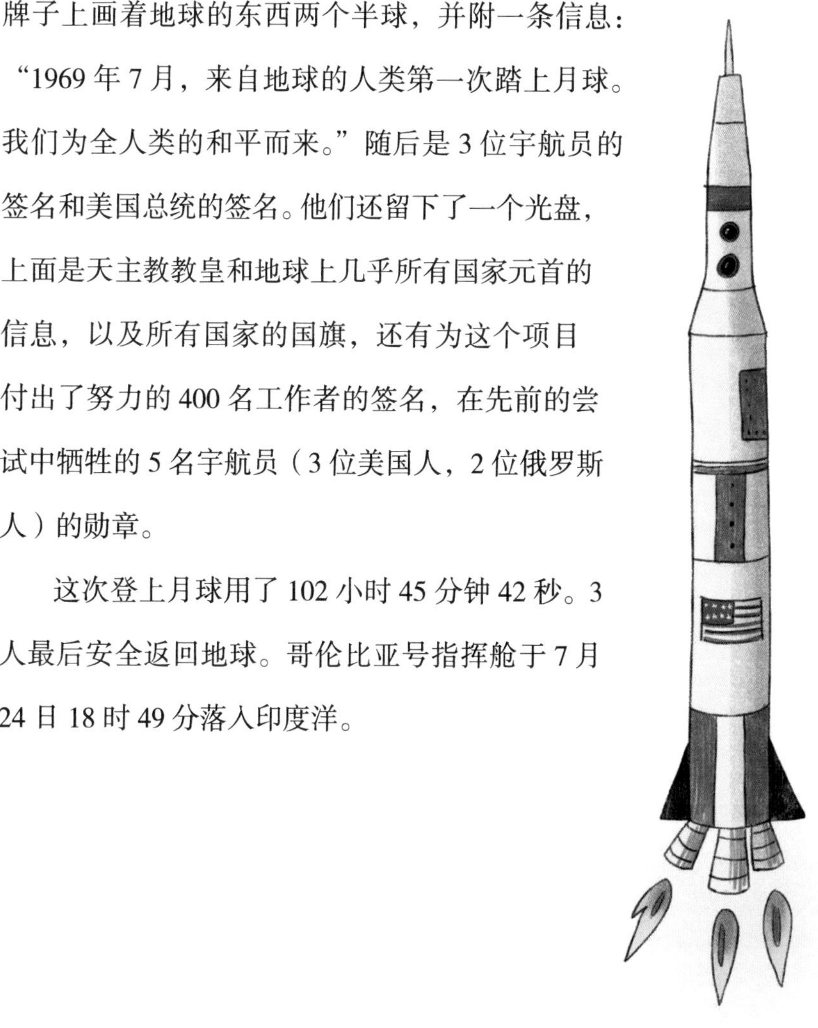

这次登上月球用了102小时45分钟42秒。3人最后安全返回地球。哥伦比亚号指挥舱于7月24日18时49分落入印度洋。

在霍布斯星上度假

火星

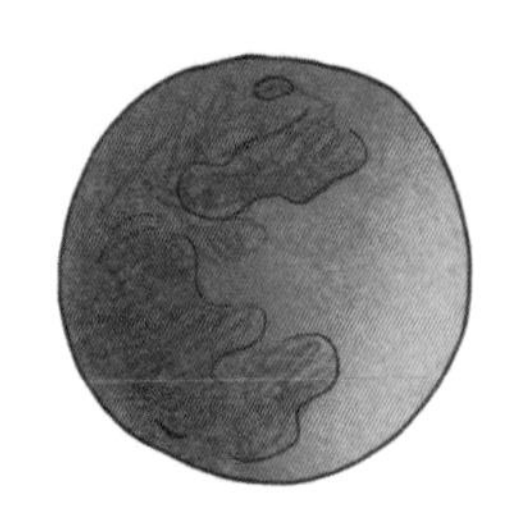

可能在不久的将来，孩子们就能到一个遥远的星球上度假了。假如你就是那个孩子，那么你可能需要面对一些问题。因为你已经适应了地球的环境，适应了地球上需要克服重力的影响的生活。我们的地球就像一块磁铁，把你牢牢吸在地上，让你有重量，同时还有空气压着你。这好像是世界上再自然不过的事情了。

如果你在一个重力很小的星球生活，你跳起来，就不知道什么时候才能回到地面上了；如果你扔一块石头，可能这块石头会一直飞，转一大圈，飞到你的背后打到你；如果想要洗澡，水也不会顺着你的皮肤流下去，而是形成很多个小水滴黏在你的皮肤上，那你就得用小勺子把这些水滴捞起来，然后用手指把这些水滴压在身上，才能洗澡。而且擦肥皂的时候，肥皂泡会变得非常大。然而另一方面，这样的好处就是，你的心脏不会感觉累，脚也不会肿，只是手会肿起来，因为由于重力的作用，我们的血液会往下流，而重力减小了，血液就会往头顶流。

如果你是个贪吃的孩子，你会变得很胖很胖。因为平时用来对抗重力作用而消耗的热量会在你的身体里储存下来，充满全身。这些情况都会在你去霍布斯星的时候发生。霍布斯星是火星的两颗卫星中较大的一颗，也是离火星较近的一颗，长得像个长满疙瘩的土豆。如果上面有居民，可能会像长相很奇怪的鸡，有细细的腿、圆圆的身子，脖子粗大，眼睛突出。他们有可能长成这样，是因为这个星球上的重力很小，据说只有地球重力的千分之一。

注释：

[1] 玛雅神庙：也被称为玛雅金字塔，位于洪都拉斯境内。玛雅文明是古代美洲的三大文明之一，是世界著名的古代文明之一，也是唯一诞生在热带丛林而非大河流域的文明。

[2] 印加：印加帝国是 11 世纪至 16 世纪时位于美洲的古老帝国，政治、军事和文化中心位于今日秘鲁的库斯科。其主体民族印加人是美洲三大文明之一——印加文明的缔造者。

[3] 巨石人像：复活节岛上最具神秘色彩的是摩艾石像。全岛发现 1000 多尊巨大的半身人面石像，其中 600 尊整齐地排列在海边的石岛上。石像大小不等，高 6—23 米，重 30—90 吨。它们形象奇特，神情严肃，面对大海，若有所思。

[4] 复活节岛：位于南太平洋东部，向东距离智利大陆本土约 3600 千米。1995 年全岛作为国家公园被列入世界遗产名录。

[5] 阿兹特克人：北美洲南部墨西哥人数最多的一支印第安人。其中心在墨西哥的特诺奇，故又称墨西哥人或特诺奇人。

[6] 都灵：意大利第三大城市，皮埃蒙特大区首府，欧洲最大的汽车产地，还是历史悠久的古城，保存着大量的古典式建筑和巴洛克式建筑，也是都灵足球俱乐部和尤文图斯足球俱乐部的主场。

[7] 绿党：由提出保护环境的非政府组织发展而来的政党。绿党提出“生态优先”、非暴力、基层民主、反核原则等政治主张，积极参政议政，开展环境保护活动，对全球的环境保护运动具有积极的推动作用。

[8] 主显节：基督教节日，也叫作显现节，在每年的 1 月 6 日。

[9] 西洛可风：地中海地区的一种风，源自撒哈拉，在北非、南欧地区变为飓风。西洛可风会导致干燥炎热的天气。

[10] 焚风：是在空气作绝热下沉运动时，因温度升高湿度降低而形成的一种干热风。

[11] 阿拉斯加州：美国最大的州，位于北美大陆西北端，东与加拿大接壤，另三面环北冰洋、白令海和北太平洋。阿拉斯加还是美国石油

的主要产地。

[12] 威廉·巴伦支（1550—1597 年）：荷兰探险家、航海家。巴伦支生活在荷兰拥有海上霸权，被称为“海上马车夫”的时代。在阿姆斯特丹商会的支持下，巴伦支一生致力于开拓通过北冰洋的欧亚东北航道。

[13] 弗里乔夫·南森（1861—1930 年）：挪威航海家、北极探险家、动物学家和政治家。

[14] 阿尔卑斯山：位于欧洲中南部，平均海拔约 3000 米，最高峰是勃朗峰，海拔 4810 米。

[15] 巴塔哥尼亚：主要位于阿根廷境内，小部分属于智利，由广阔的草原和沙漠组成。

[16] 纳拉伯：澳大利亚西南部的石灰岩平原，气候干燥，植物贫乏，人口稀少。

[17] 扎姬：《地铁姑娘扎姬》是法国小说家雷蒙·格诺的小说代表作，出版于 1959 年。小说讲述了外省小姑娘扎姬来到巴黎，急切地想要体验巴黎地铁的经历。

[18] 拿破仑三世（1808—1873 年）：即路易·拿破仑，是法兰西第二共和国总统和法兰西第二帝国皇帝，也是拿破仑一世的侄子。

[19] 风格练习：《风格练习》是雷蒙·格诺最著名的作品之一。这部出版于 1947 年的奇特作品，用 99 种不同的方式说了同一个故事。游戏性和趣味性让《风格练习》得到公众的喜爱，更启发了后世的传承。

[20] 廷塔哲城堡：廷塔哲城堡和亚瑟王传说有着密切的关系。维多利亚时期，由于亚瑟王传说开始流行，廷塔哲城堡也成为一处著名观光地。

[21] 斯特龙博利火山：位于意大利西西里岛北部的利帕里群岛中一个圆形的小岛上，是欧洲乃至全球最活跃的火山之一，自 1932 年以来几乎一直在喷发。其火山喷发的景象吸引了很多游人到访。

[22] 斯奈菲尔火山：是位于冰岛首都雷克雅未克的一座死火山。它高约 1524 米，是冰岛最著名的山峰之一。这座火山自 1229 年后就再也没有喷发过。

[23] 多洛米蒂山：多洛米蒂一词在意大利语中是白云石的意思。白云

石是一种石灰石，多洛米蒂山盛产这种石头。

[24] 帕特农神庙：位于希腊雅典卫城的最高处石灰岩的山岗上，是卫城最重要的主体建筑，又译为“巴特农神庙”。帕特农神庙之名出于雅典娜的别名。

[25] 尼古拉·哥白尼（1473—1543年）：文艺复兴时期的波兰天文学家、数学家。

[26] 驻留轨道：航天器为了转移到另一条轨道去而暂时停留的椭圆轨道。

看动画，学知识

一起探索奇妙世界

扫描本书二维码，获取正版资源

智能阅读向导为您严选以下免费或付费增值服务

免费广播剧　好故事随身听，带你在知识的海洋里遨游

自然大百科　趣味科普动画，为你打开探索世界的大门

成语故事集　趣味解说成语，帮你积累丰富语文词汇量

德育动画片　历史人物故事，跟着古人学习处世的哲学

☆ 闯关小测试：检验你对知识的掌握情况

☆ 读书记录册：养成阅读记录的良好习惯

☆ 趣味冷知识：带你认识世界的奇妙多彩

扫码添加智能阅读向导

操作步骤指南

① 微信扫描下方二维码，选取所需资源。

② 如需重复使用，可再次扫码或将其添加到微信“收藏”。